图说建筑工种技能轻松速成系列

图说装饰装修抹灰工技能

王志云 主编

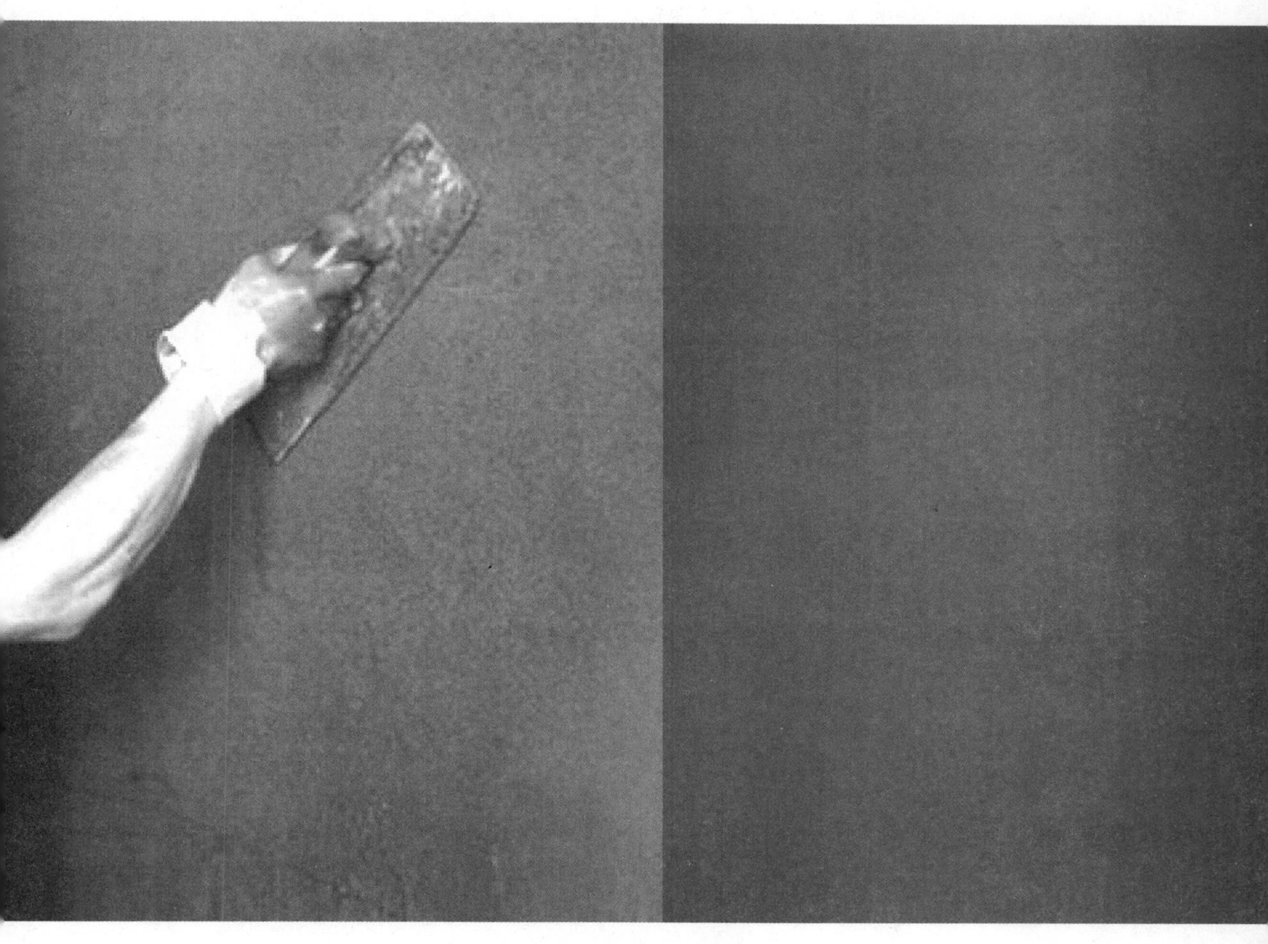

机械工业出版社
CHINA MACHINE PRESS

本书根据国家颁布的《建筑装饰装修职业技能标准》（JGJ/T 315—2016）以及《建筑装饰装修工程质量验收规范》（GB 50210—2001）、《机械喷涂抹灰施工规程》（JGJ/T 105—2011）、《外墙饰面砖工程施工及验收规范》（JGJ 126—2015）、《抹灰砂浆技术规程》（JGJ/T 220—2010）等标准编写，主要介绍了抹灰材料、抹灰机具、装饰抹灰、装饰装修镶贴施工、楼地面装饰施工以及抹灰工程通病等内容。本书结合《建筑装饰装修职业技能标准》讲解装修工人施工实操的各种技能和操作要领，同时也讲解了装修材料的应用技巧。力求帮助装修工人在最短的时间内掌握实际工作所需的全部技能。本书采用文字加图片以及实操图的形式编写，直观明了，方便学习。本书适合于家装工人、公装工人阅读，也可供住宅装修其他工程人员阅读；可作为装修工人培训教材，也可对即将准备进行新居装修或旧房改造的朋友有一定的借鉴作用。

图书在版编目（CIP）数据

图说装饰装修抹灰工技能/王志云主编. —北京：机械工业出版社，2017.8

（图说建筑工种技能轻松速成系列）

ISBN 978-7-111-57274-9

Ⅰ.①图… Ⅱ.①王… Ⅲ.①抹灰—图解 Ⅳ.①TU754.2-64

中国版本图书馆CIP数据核字（2017）第157966号

机械工业出版社（北京市百万庄大街22号 邮政编码100037）

策划编辑：闫云霞 责任编辑：闫云霞 朱彩绵

责任校对：雕燕舞 王明欣 封面设计：张 静

责任印制：常天培

唐山三艺印务有限公司印刷

2018年2月第1版第1次印刷

184mm × 260mm · 9.75印张 · 165千字

标准书号：ISBN 978-7-111-57274-9

定价：36.00元

凡购本书，如有缺页、倒页、脱页，由本社发行部调换

电话服务 网络服务

服务咨询热线：010-88361066 机 工 官 网：www.cmpbook.com

读者购书热线：010-68326294 机 工 官 博：weibo.com/cmp1952

010-88379203 金 书 网：www.golden-book.com

 教育服务网：www.cmpedu.com

编委会

主　编　王志云

参　编　牟瑛娜　张宏跃　张　琦　王红微　孙石春　李　瑞
何　影　张黎黎　董　慧　白雅君

前　言

随着我国经济的快速发展和人民生活水平的不断提高，人们对居住质量的要求也在不断提高，建筑装饰业得到了迅猛发展。目前，装修行业的施工人员大多数没有受过专门教育，或仅仅经过短期岗位培训，针对这种情况，编者以家庭装修为基础编写，目的是通过介绍家庭住宅装修的实际操作，去展示装修装饰行业的需求潮流及操作方法，给予装修工人必要的操作技能指导，使装修工人技术水平得到快速提高。因此，我们组织编写了这本书，旨在提高抹灰工专业技术水平，确保工程质量和安全生产。

本书根据国家颁布的《建筑装饰装修职业技能标准》（JGJ/T 315—2016）以及《建筑装饰装修工程质量验收规范》（GB 50210—2001）、《机械喷涂抹灰施工规程》（JGJ/T 105—2011）、《外墙饰面砖工程施工及验收规范》（JGJ 126—2015）、《抹灰砂浆技术规程》（JGJ/T 220—2010）等标准编写，主要介绍了抹灰材料、抹灰机具、装饰抹灰、装饰装修镶贴施工、楼地面装饰施工以及抹灰工程通病等内容。本书结合《建筑装饰装修职业技能标准》讲解装修工人施工实操的各种技能和操作要领，同时也讲解了装修材料的应用技巧。力求帮助装修工人在最短的时间内掌握实际工作所需的全部技能。本书采用文字加图片以及实操图的形式编写，直观明了，方便学习。本书适合于家装工人、公装工人阅读，也可供住宅装修其他工程人员阅读；可作为装修工人培训教材，也可对即将准备进行新居装修或旧房改造的朋友有一定的借鉴作用。

由于作者的学识和经验所限，虽尽心尽力但难免存在疏漏之处，敬请有关专家和读者批评指正。

编者

2017 年 4 月

目　录

第一章　抹灰材料

第一节　一般抹灰材料

一、水泥

普通硅酸盐水泥

适用于混凝土、钢筋混凝土和预应力混凝土的地上、地下和水中结构（其中包括受反复冰冻作用的结构）以及需要早期达到要求强度的结构，配制耐热混凝土等，但不宜用于大体积混凝土工程及受侵蚀的结构中。

矿渣硅酸盐水泥

适用于混凝土、钢筋混凝土和预应力混凝土的地上、地下和水中结构，也可用于大体积混凝土结构和配制耐热混凝土等，不宜用于早期强度要求较高的结构中。

火山灰质硅酸盐水泥

适用于混凝土及钢筋混凝土的地下和水中结构，但不适用于受反复冻融及干湿变化作用的结构，以及处在干燥环境中的结构。

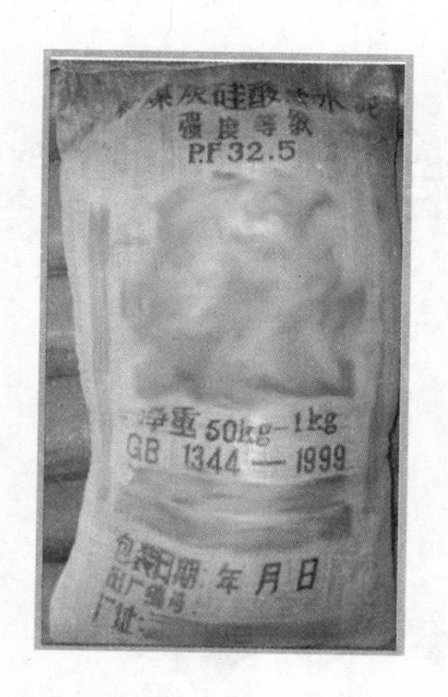

粉煤灰硅酸盐水泥

适合用于承载较晚的混凝土工程，不宜用于有抗渗要求的混凝土工程，也不宜用于干燥环境中的混凝土工程及有耐磨性要求的混凝土工程。

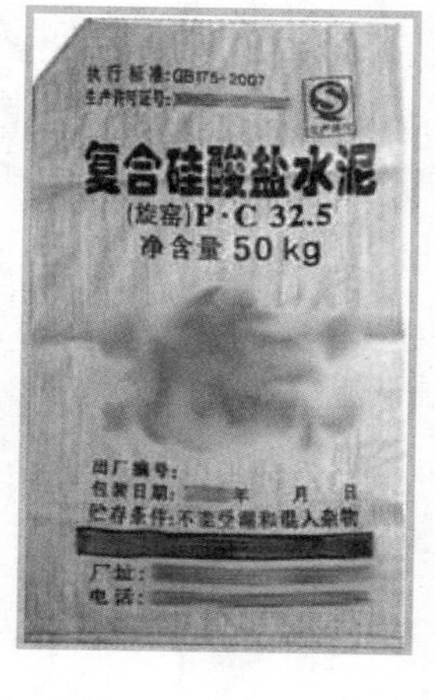

复合硅酸盐水泥

广泛应用于各种工业工程、民用建筑、适用于地下、大体积混凝土工程、基础工程等。不适宜在严寒地区有水位升降的工程部位使用。

中抗硫酸盐硅酸盐水泥

一般用于受硫酸盐侵蚀的海港、水利、地下、隧道、涵洞、道路和桥梁基础等工程。

高抗硫酸盐硅酸盐水泥

一般用于受硫酸盐侵蚀的海港、水利、地下、隧道、涵洞、道路和桥梁基础等工程。

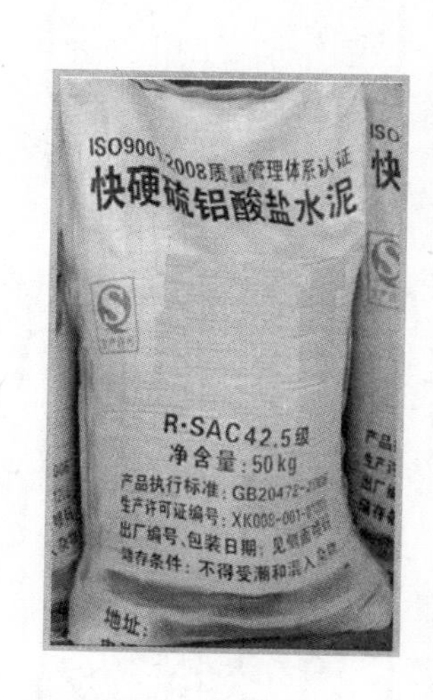

快硬硫铝酸盐水泥

适用于抢修、锚固和地下防渗等工程。

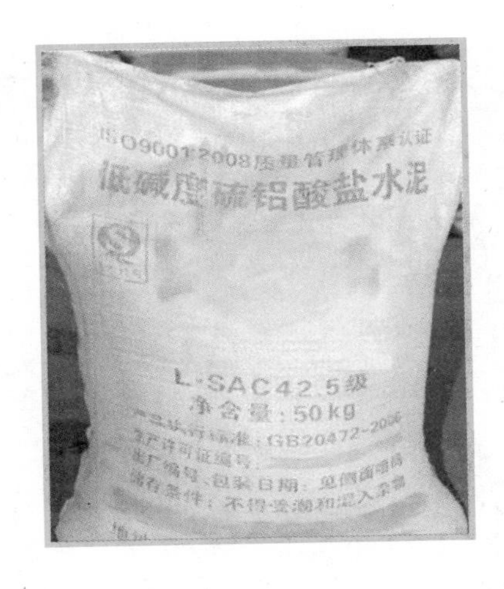

低碱度硫铝酸盐水泥

一种具有碱度低，自由膨胀率小，并具有与快硬硫铝酸盐水泥类似的凝结时间和早强特性的新品种水泥，主要用于玻璃纤维增强水泥复合材料。

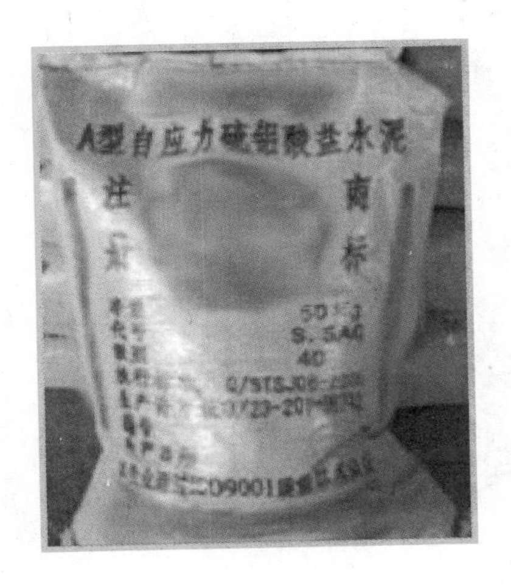

自应力硫铝酸盐水泥

主要用于制造输水、输油、输气用自应力水泥钢盘混凝土压力管。

二、沙

粗沙

中沙

细沙　特细沙

河沙　海沙

山沙　人工沙

三、石

碎石　卵石　砾石

四、石灰

块灰（生石灰）

用于配制磨细生石灰、离石灰、石灰膏等。

磨细生石灰（生石灰粉）

用作硅酸盐建筑制品（砖、瓦、砌块）的原料，并可制作碳化石灰板、砖等碳化制品，还可配制熟石灰、石灰膏等。

熟石灰（消石灰）

用于拌制灰土（石灰、黏土）和三合土（石灰、黏土、砂或炉渣）。

石灰膏

用于配制石灰砌筑砂浆和抹灰砂浆。

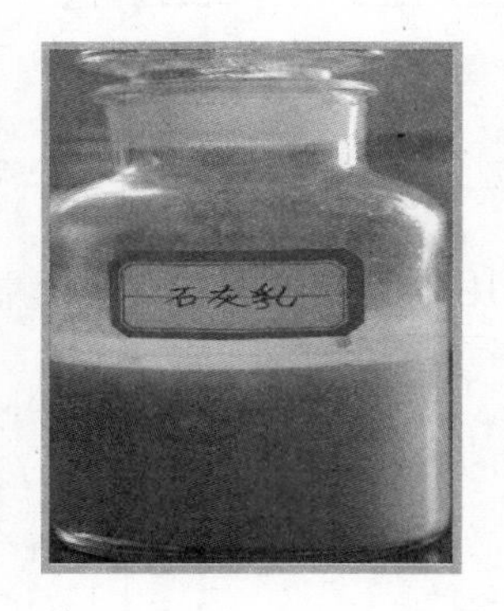

石灰乳（石灰水）

用于简易房屋的室内粉刷。

五、石膏

石膏是单斜晶系矿物，主要化学成分是硫酸钙，如下图所示。它是由生石膏（二水石膏）在 100 ～ 190℃下煅烧而成的熟石膏，经研磨成建筑石膏，它的主要成分是半水石膏。建筑石膏适用于室内装饰的隔热保温、吸声和防火等饰面，但不宜靠近 60℃以上的高温。

石膏

建筑石膏与适当的水混合，最初成为可塑的浆体，但是很快失去塑性，进而成为坚硬的固体，这个过程就是硬化过程。建筑石膏具有很强的吸湿性，在潮湿环境中，晶体间黏结力削弱，强度明显降低，遇水则晶体溶解而引起破坏，吸水后受冻，孔隙中的水分结冰而崩裂。所以，建筑石膏的耐水性和抗冻性极差，不宜用于室外装饰工程中。石膏的凝结很快，终凝时间不超过30min。

第二节 其他抹灰材料

水玻璃

在抹灰工程中，常用水玻璃来配制特种砂浆，用于耐酸、耐热、防水等要求的工程上，也可与水泥等调制成胶粘剂。

膨胀珍珠岩

主要用于建筑物屋面及墙体的保温、隔热；建筑材料的轻质骨料；各种工业设备、管道绝热层；各种深冷、冷库工程的内壁;农业及园艺的无土栽培、改良土壤，保水保肥等。被广泛应用于石油、化工、电力、建筑、冶金等行业。

膨胀蛭石

可与水泥、水玻璃等胶凝材料配合，制成砖、板、管壳等水泥膨胀蛭石制品、水玻璃膨胀蛭石制品，用于围护结构及管道保温。

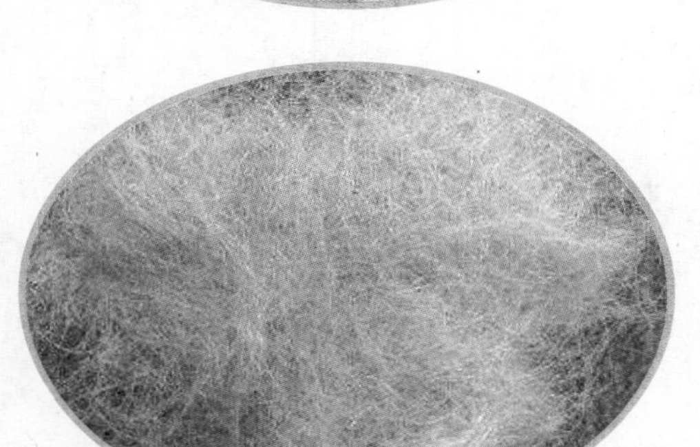

麻刀

掺在石灰里起增强材料连接，防裂、提高强度的作用。古时建造土房子时掺到泥浆里，以提高墙体韧度、连接性能。是古建黑活做屋面青瓦时不可或缺的一种辅料。

纸筋

掺在石灰里起增强材料连接性，防裂、提高强度，减少石灰硬化后的收缩性以节约石灰的用量。古时建造土房子时掺到泥浆里，以提高墙体韧度、连接性能。

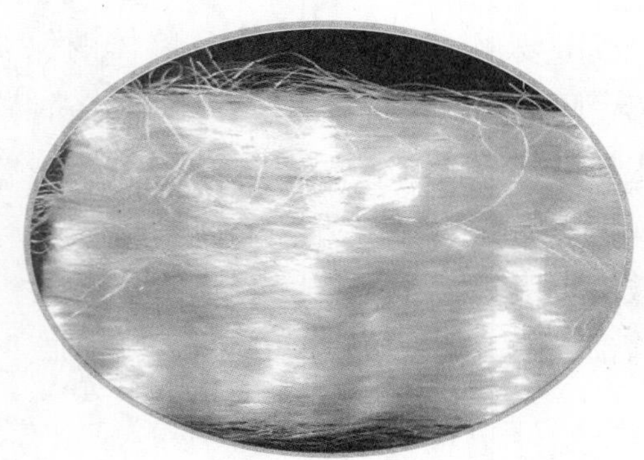

玻璃丝

用普通玻璃、塑料或其他人工合成的物质制成的细丝，可制玻璃布、装饰品等。

稻草

切成不长于3cm并经石灰水浸泡15d后使用较好。也可用石灰（或火碱）浸泡软化后轧磨成纤维质当纸筋使用。

干粉型界面剂

由水泥等无机胶凝材料、填料、聚合物胶粉和相关的外加剂组成的粉状物。具有高黏结力，优秀的耐水性、耐老化性。使用时，按一定比例掺水搅拌使用。

乳液型界面剂

以化学高分子材料为主要成分，辅以其他填料制成。乳液型界面剂具有更好的物理及化学稳定性，其应用广泛，适用于各种新建工程及维修改造工程，并且可涂于聚苯板、沥青涂层、钢板等不易抹灰的墙体材料。

第三节　化工材料

草酸

在抹灰工程中，主要用于水磨石地面的酸洗。

白乳胶

广泛应用于木材、家具、装修、印刷、纺织、皮革、造纸等行业，已成为人们熟悉的一种黏合剂。

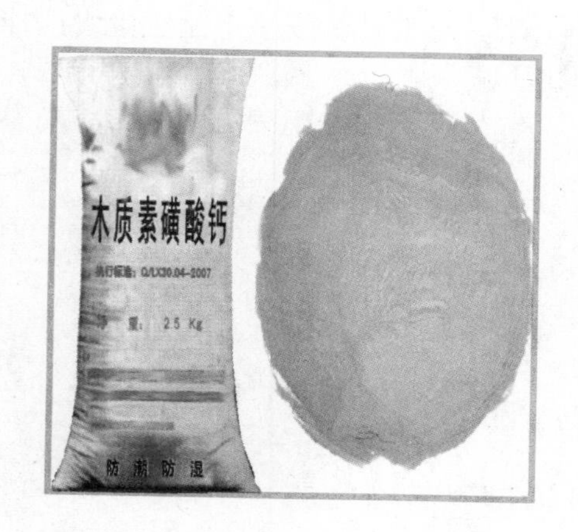

木质素磺酸钙

可作分散剂、乳化剂、润湿剂等。用于工业洗涤剂、农药杀虫剂、除草剂、水泥及混凝土的减水剂、染料扩散剂、焦炭和木炭加工、染料与颜料、石油工业、蜡乳液等。

108 胶

一种新型胶粘剂，属于不含甲醛的乳液。提高面层的强度，不致粉酥掉面；增加涂层的柔韧性，减少开裂的倾向；加强涂层与基层之间的黏结性能，不易爆皮剥落。

第二章　抹灰机具

第一节　手工工具

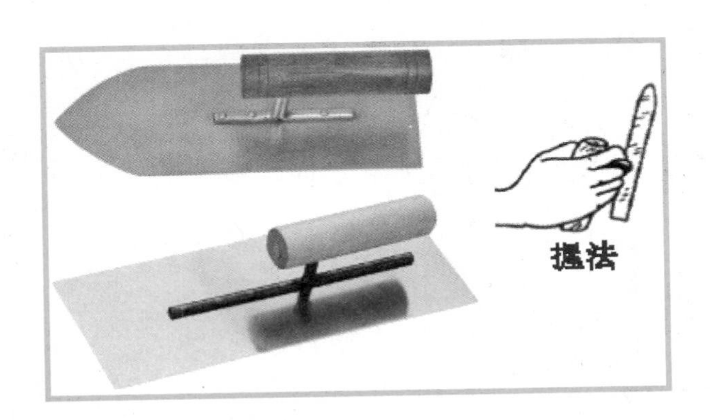

铁抹子

俗称钢板，有方头和圆头两种，常用于涂抹底层灰或水刷石、水磨石面层。

钢皮抹子

外形与铁抹子相似，但是比较薄，弹性较大，用于抹水泥砂浆面层和地面压光等。

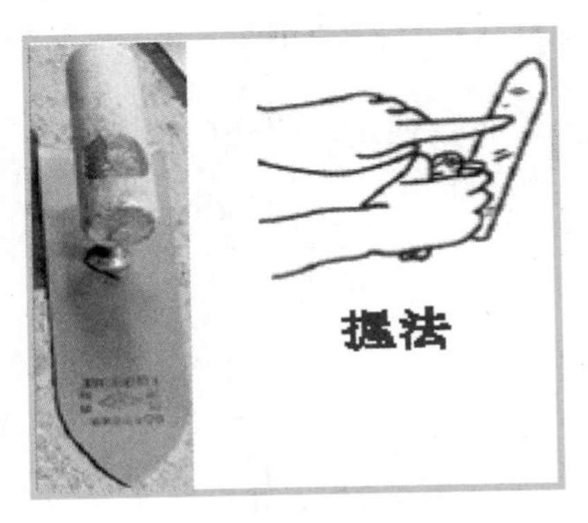

压子

水泥砂浆面层压光和纸筋石灰、麻刀石灰罩面等。

塑料抹子

用硬质聚乙烯塑料做成的抹灰器具，有圆头和方头两种，其用途是压光纸筋灰等面层。

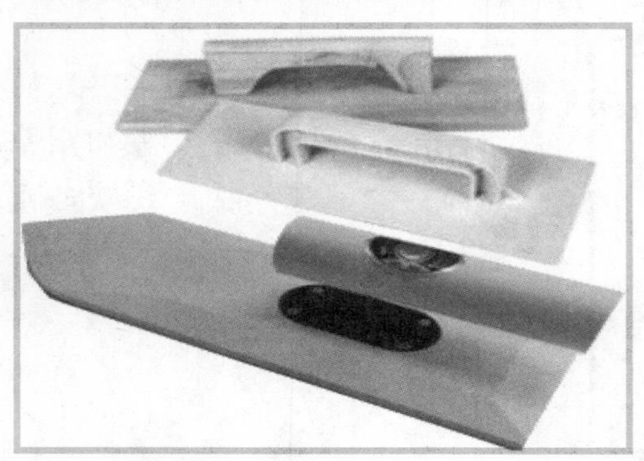

木抹子（木蟹）

有圆头和方头两种，其作用是搓平底灰和搓毛砂浆表面。

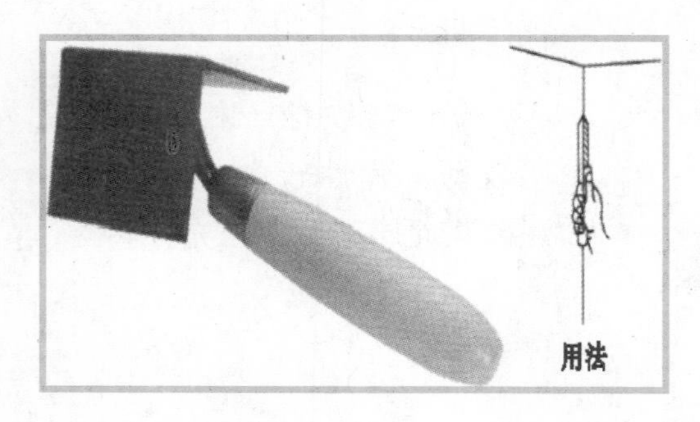

阴角抹子（阴角抽角器、阴角铁板）

适用于压光阴角，分小圆角及尖角两种。

圆阴角抹子（明沟铁板）

水池等阴角抹灰及明沟压光。

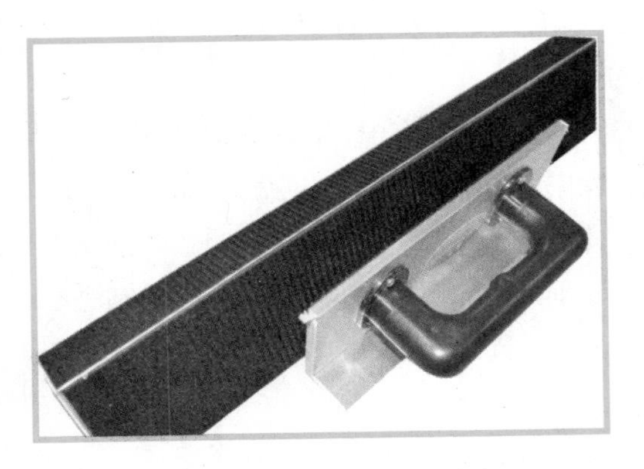

塑料阴角抹子

用于纸筋白灰等罩面层的阴角压光。

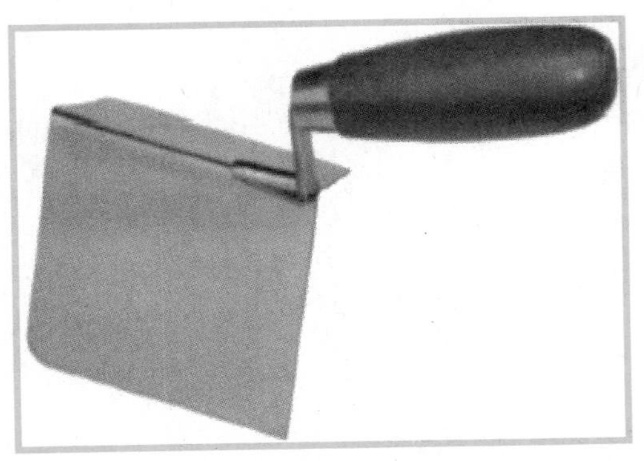

阳角抹子（阳角抽角器、阳角铁板）

适用于压光阳角，分小圆角及尖角两种。

圆阳角抹子

用于楼梯踏步防滑条的捋光压实。

捋角器

用于捋水泥抱角的素水泥浆，做护角层等。

托灰板

托灰板是一种常用建筑工具，在抹墙时托灰之用。施工时常与瓦刀、大铲、托灰板、钢凿、线锤等工具配合使用。以前用木制，现在多为工程塑料制品。

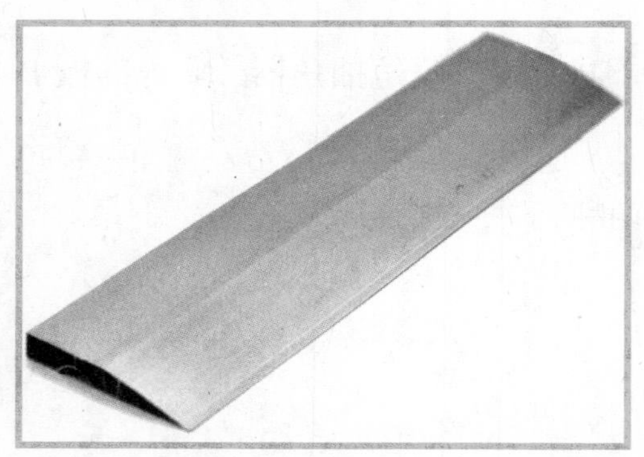

刮尺

刮尺端面设计为：用于操作的一面为平面，另一面为弧形。用于抹灰层找平。

量尺

丈量尺寸。由两个直尺构成，一个直尺的一端标有一个完整的量角器刻度，另一个直尺上面只标有长度刻度，两个直尺叠加在一起后通过铆钉铆接在一起，所述的铆钉设在量角器刻度的基准点处。

方尺（兜尺）

测量阴阳角方正。

分格条（米厘条）

为了避免大面积抹灰开裂，用专用的分格条（黑色的）嵌在抹灰中来进行分缝。一般分格缝宽度不小于 1.5cm，深度不小于 1.5cm（或至结构层）。分隔面积宜为 $10m^2$。

木水平尺

用于找平。既能用于短距离测量，又能用于远距离的测量，也解决现有水平仪只能在开阔地测量，狭窄地方测量难的缺点，且测量精确，造价低，携带方便，经济适用。

料斗

起重机运输抹灰砂浆时的转运工具。料斗由料斗体和出料筒两部分组成，中间用法兰盘和螺栓链接，可自由安装拆卸，料斗的四个角都是圆弧形，避免了直角挂灰现象。

长毛刷（软毛刷子）

室内外抹灰、洒水用。

猪鬃刷

即以猪鬃为材料制作的毛刷。刷洗水刷石、拉毛灰。作为动物毛发，猪鬃还具有防静电的作用，可用于加工防静电毛刷。

鸡腿刷

用于长毛刷刷不到的地方，如阴角等。

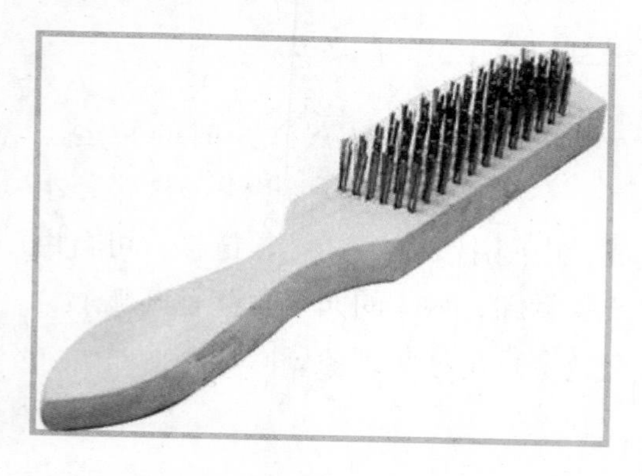

钢丝刷

用于清刷基层。是一种针对不同的用途而选取相应的钢丝型号，选取不同的钢丝直径的刷子，钢丝有直丝和波纹丝两种，钢丝的粗细可根据不同的需要而定。

茅草刷

用茅草扎成，用于木抹子抹平时洒水。

小水桶

用于盛装水等液体的容器，通常带有提手，方便搬运。

喷壶

洒水用。

水壶

浇水用。

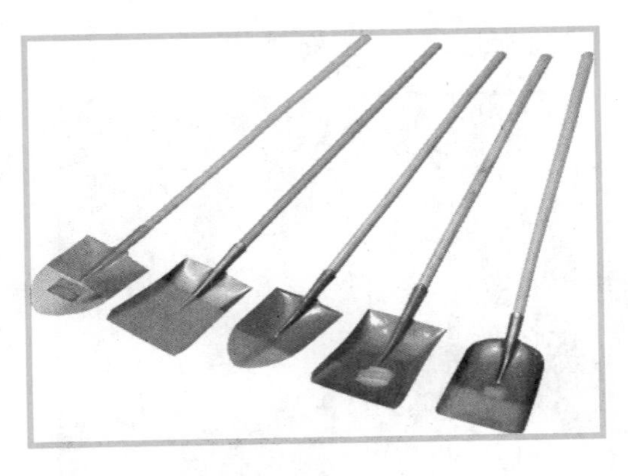

铁锹（铁锨）

一种农具，用于耕地，铲土、沙等。长柄多由木制，头是铁的，还可军用。

灰镐

手工拌和砂浆用。

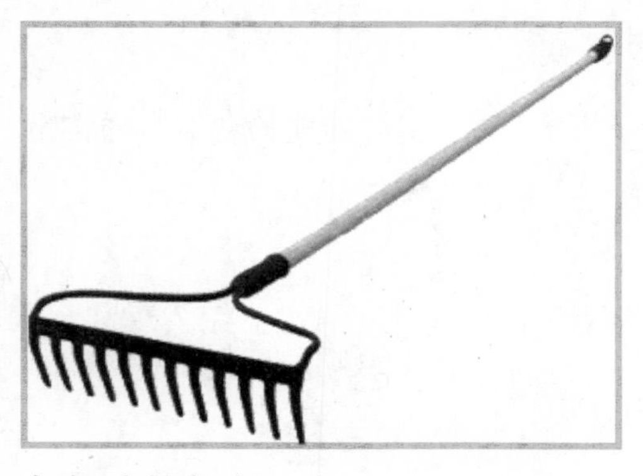

灰耙（拉耙）

手工拌和砂浆用。

灰叉

手工拌和砂浆机装砂浆用。

筛子

筛分沙子用。

磅秤

称量沙子、石灰膏。

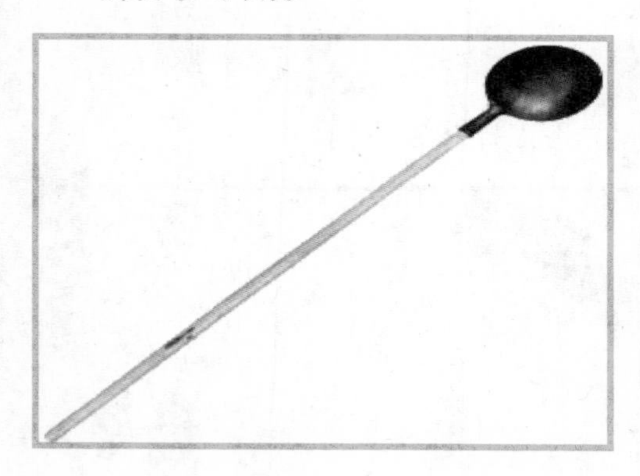

灰勺

舀砂浆用。

灰槽

储存砂浆。

运沙手推车

运砂浆小车

运沙、砂浆等材料用。以人力推、拉的搬运车辆，在生产和生活中获得广泛应用是因为它造价低廉、维护简单、操作方便、自重轻，能在机动车辆不便使用的地方工作，在短距离搬运较轻的物品时十分方便。

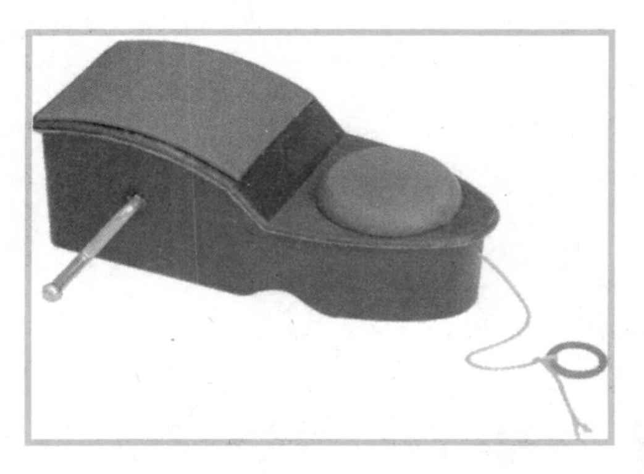

墨斗

弹线用。由墨仓、线轮、墨线（包括线锥）、墨签四部分构成。

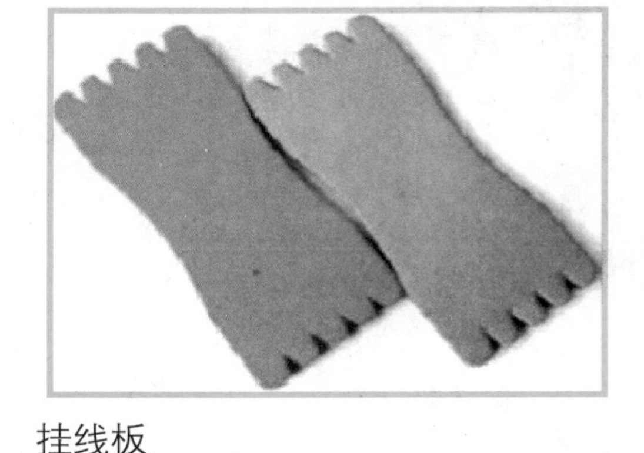

挂线板

用来挂垂直线，板上附有带线锤的标准线。

溜子

用于抹灰分格线。

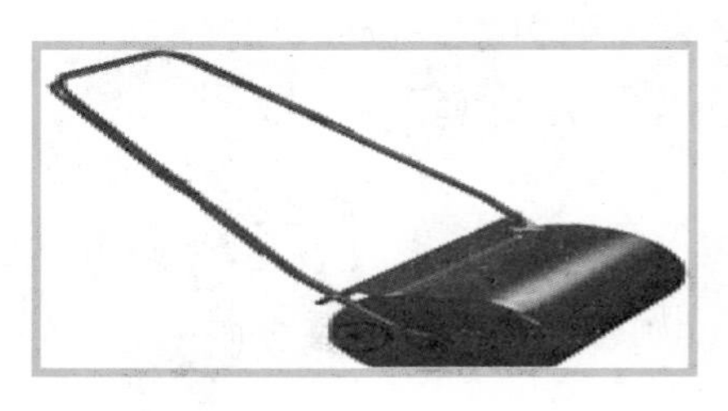

滚子（滚筒）

地面压实。

扁錾　尖錾　油槽錾

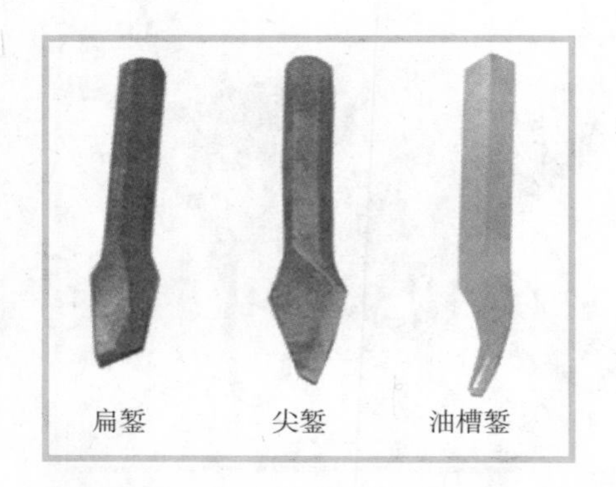

錾子

是錾削工件的工具，用碳素工具钢锻打成型后，再进行刃磨合热处理而成。

錾子的握法

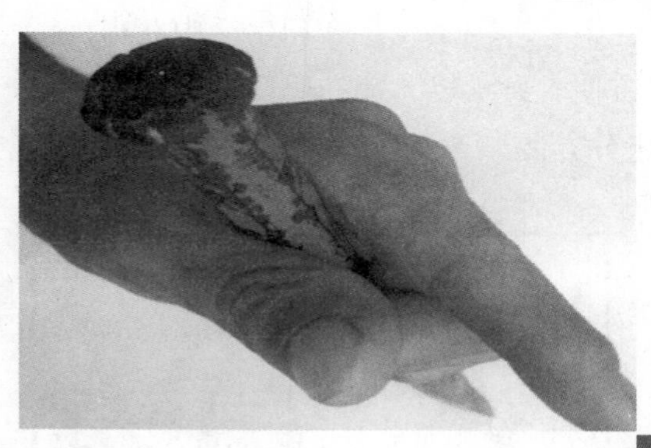

正握法

手的腕部伸直，拇指和食指自然接触，松紧适当，用中指、无名指握住錾子，小指自然合拢，錾子头部伸出约20mm。这种握法适合于錾削平面。

反握法

手心向上，左手拇指、中指握住錾子，食指抵住錾身，无名指、中指自然接触。这种握法适合于錾削小平面和侧面。

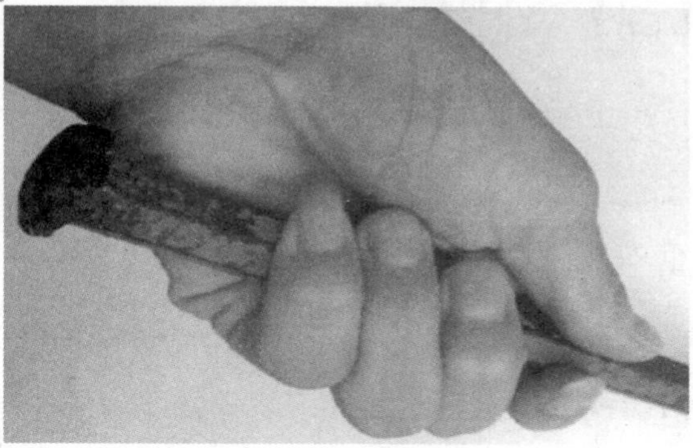

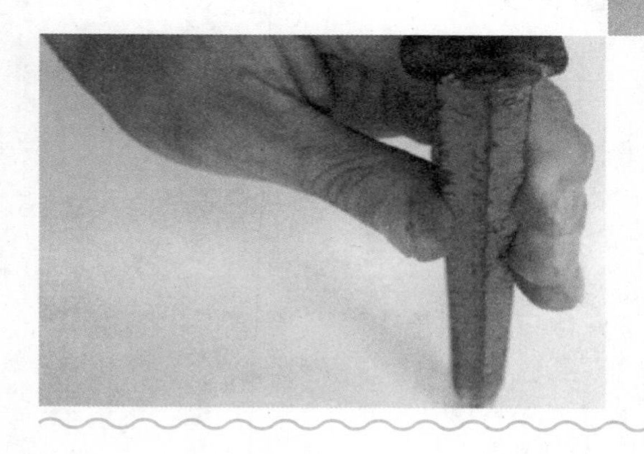

立握法

左手拇指与食指捏住錾子，中指、无名指和小指轻轻扶持錾子。这种握法适合于垂直錾削，如在铁砧上錾断材料等。

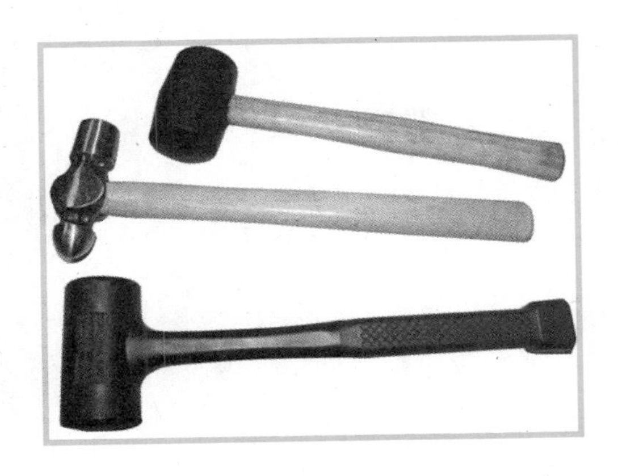

手锤

錾削、矫正和弯曲、铆接和装拆零件等都要用手锤敲击。它由锤头和木柄两部分组成。

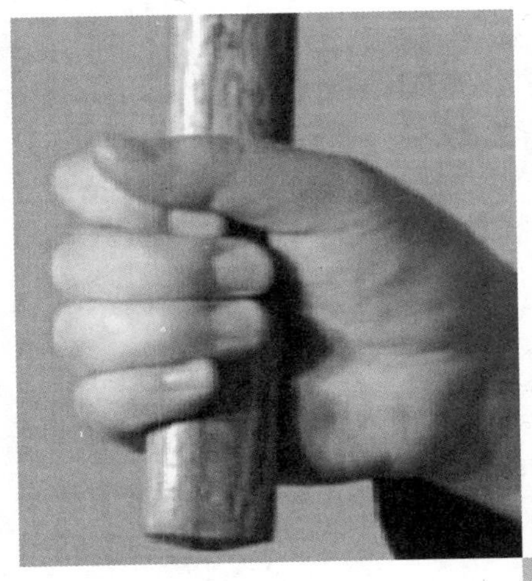

紧握法

用右手五指紧握锤柄，大拇指合在食指上，木柄底端露出约 15 ~ 30mm。在挥锤和锤击过程中，五指始终紧握。

松握法

只用大拇指和食指始终紧握锤柄，在挥锤过程中，小指、无名指、中指则依次放松。在锤击时又以相反的次序收拢、握紧。这种握法的优点是锤击力大。

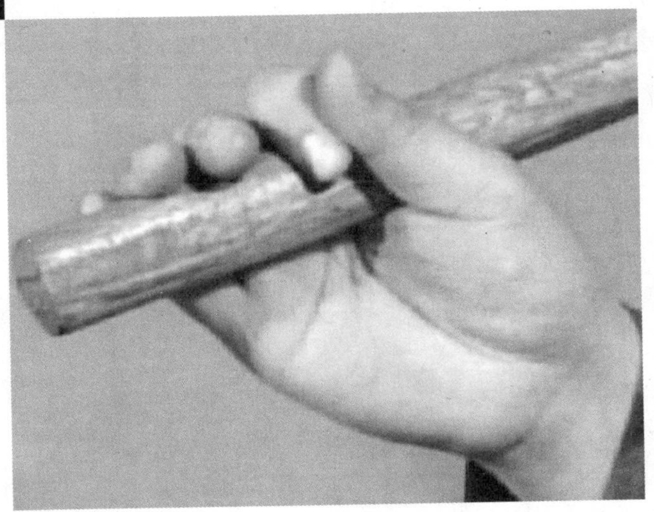

挥锤的方法

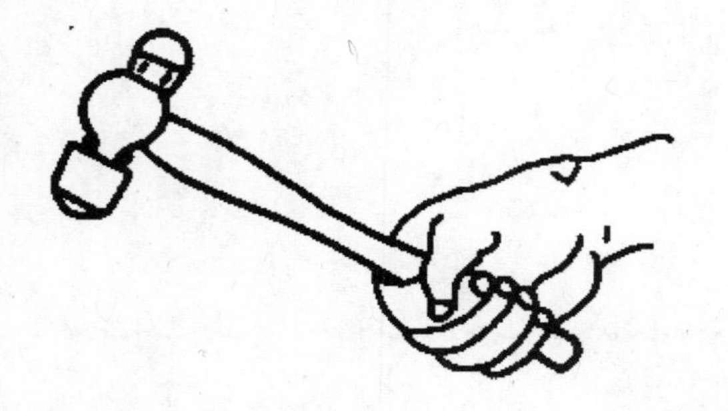

腕挥

仅限于手腕运动，锤击力小，一般用于錾削的始末。

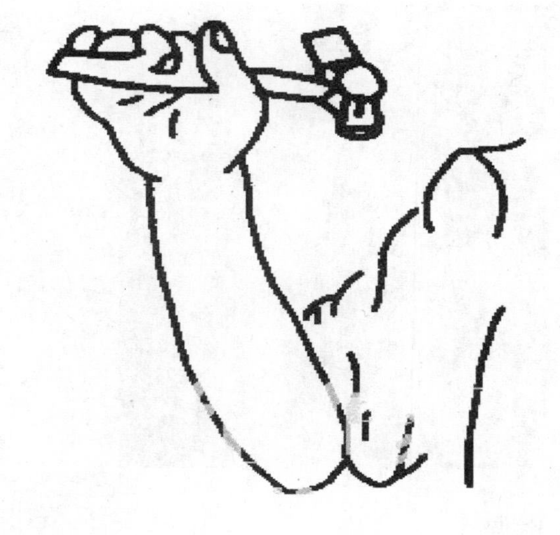

肘挥

使用手腕与肘部一起挥锤，其锤击力较大，应用最广泛。

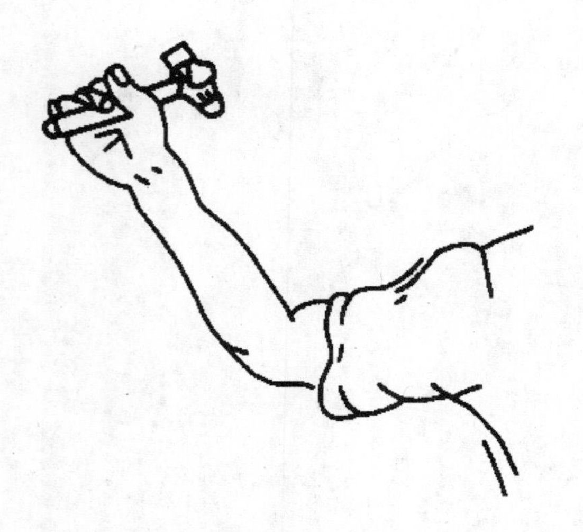

臂挥

使用手腕、肘和全臂一起挥动，锤击力最大，用于需要大力錾削的工作。

第二节 施工机具

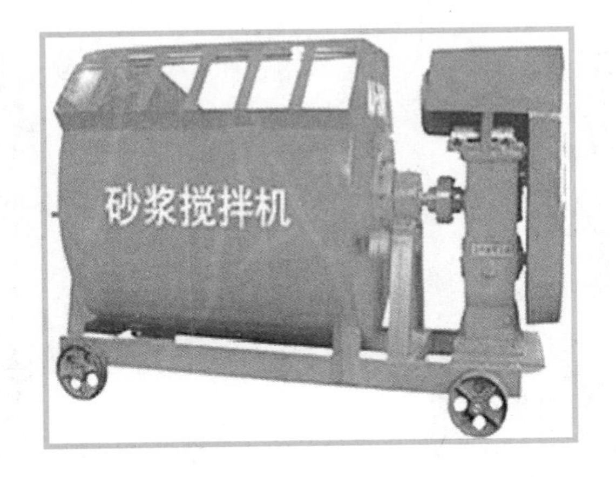

砂浆搅拌机

用于搅拌各种砂浆，常见的有周期式砂浆搅拌机和连续式砂浆搅拌机。

混凝土搅拌机

是搅拌混凝土、豆石混凝土、水泥石子浆和砂浆的机械。抹灰施工常用的规格有 250L、400L 和 500L 搅拌机。

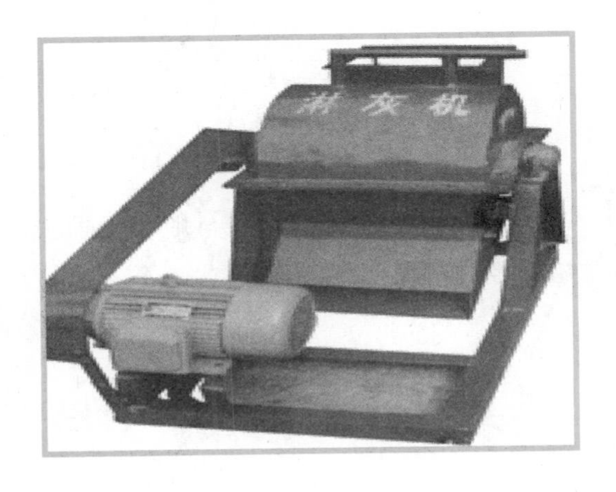

粉碎淋灰机

是淋制抹灰、粉刷及砌筑砂浆用的石灰膏的机具。

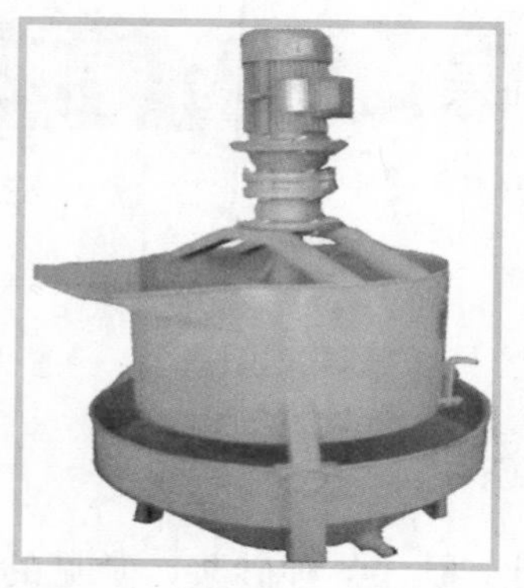

灰浆机

用来搅拌抹灰层各种纤维灰膏的专用机械。

喷浆机

用来将水溶性石灰浆喷射到房屋墙面的设备。

地面压光机

在混凝土地面经振捣密实刮平后，先采用抹面机提浆、抹平，然后直接采用压光机代替人工进行抹压出光的地面压光设备。

磨石机

主要用于建筑物水磨石地面与砌块磨平与抛光。

手提式电动石材切割机

因该机分干、湿两种切割片，因用湿型刀片切割时需用水作冷却液，故在切割石材前，先将小塑料软管接在切割机的给水口上，双手握住机柄，通水后再按下开关，并匀速推进切割。

台式切割机

是电动切割大理石等饰面板所用的机械。采用此机电动切割饰面板操作方便，速度快捷，但移动不方便。

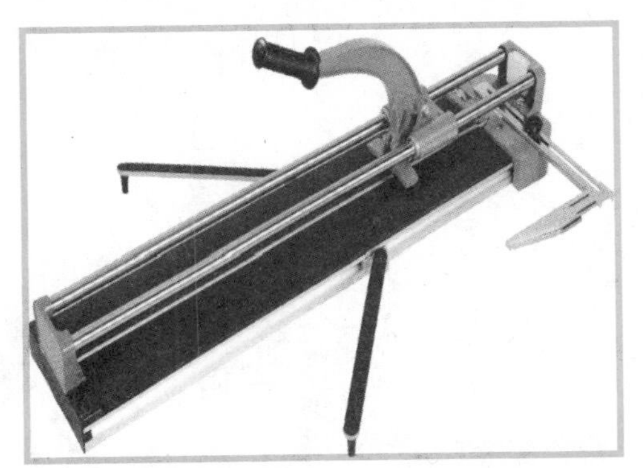

手动式墙地砖切割机

是电动工具类的补充工具，适用于薄形瓷砖的切割。

卷扬机

可以垂直提升、水平或倾斜拽引重物。卷扬机分为手动卷扬机和电气卷扬机两种。现在以电动卷扬机主为。

无齿锯

常用的一种电动工具，用于切断铁质线材、管材、型材及各种混合材料，包括钢材、铜材、铝型材、木材等。使用无齿锯必须佩戴防护面罩。

手电钻

常用的一种以交流电源或直流电池为动力的钻孔电动工具，是手持式电动工具的一种，主要用于在物件上开孔或洞穿物体。

第三节 常用检测工具的使用方法

一、检测尺（靠尺）

检测尺为可展式结构，合拢长1m，展开长2m。用于1m检测时，推下仪表盖。活动销推键向上推，将检测尺左侧面靠紧被测面，（注意：握尺要垂直，观察红色活动销外露3 ~ 5mm，摆动灵活即可。）待指针自行摆动停止时，直读指针所指刻度下行刻度数值，此数值即被测面1m垂直度偏差，每格为1mm。2m检测时，将检测尺展开后锁紧连接扣，检测方法同上，直读指针所指上行刻度数值，此数值即被测面2m垂直度偏差，每格为1mm。如被测面不平整，可用右侧上下靠脚（中间靠脚旋出不要）检测。

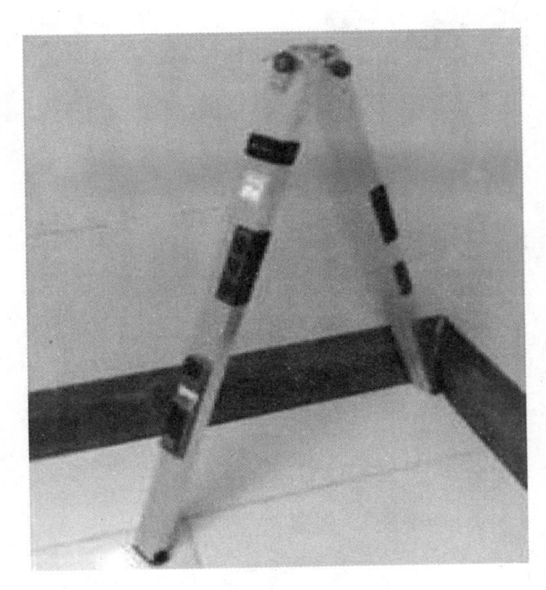

检测尺外观图

1. 墙面垂直度检测

手持2m检测尺中心，位于同自己腰高的墙面上，但是，如果墙下面的勒脚或饰面未做到底时，应将其往上延伸相同的高度。（砖砌体、混凝土剪力墙、框架柱等结构工程的垂直度检测方法同上）。

垂直度检测示意图

垂直度检测放大示意图

当墙面高度不足2m时，可用1m长检测尺检测。但是，应按刻度仪表显示规定读数，即使用2m检测尺时，取上面的读数；使用1m检测尺时，取下面的读数。

对于高级饰面工程的阴阳角的垂直度也要进行检测。检测阳角时，要求检测尺离开阳角的距离不大于50mm；检测阴角时，要求检测尺离开阴角的距离不大于100mm，当然，越接近代表性就越强。

垂直度刻度仪表示意图

2. 墙面平整度检测

检测墙面平整度时，检测尺侧面靠紧被测面，其缝隙大小用契形塞尺检测。每处应检测三个点，即竖向一点，并在其原位左右交叉 45° 各一点，取其三点的平均值。

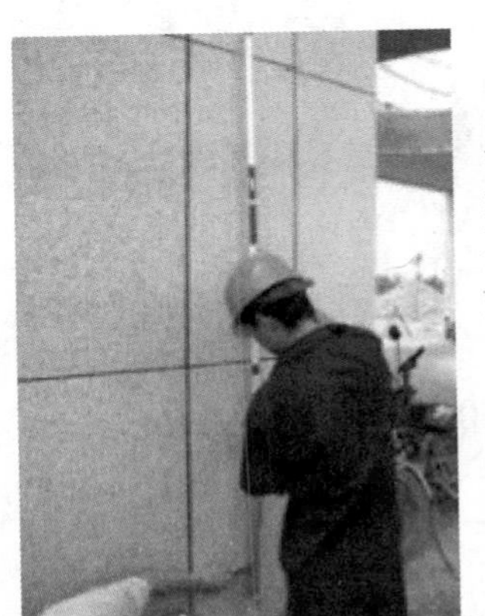

竖直检测墙面平整度

向左 45° 检测墙面平整度

向右 45° 检测墙面平整度

平整度数值的正确读出，是用楔形塞尺塞入缝隙最大处确定的，但是，如果手放在靠尺板的中间，或两手分别放在距两端 1/3 处检测时，应在端头减去 100mm 以内查找最大值读数。

如果将手放在检测尺的一端检测时，应测定另一端头的平整度，并取其值的 1/2 作为实测结果。（砖砌体、混凝土剪力墙等结构工程的平整度检测方法同上，所不同的是受检混凝土柱子的正面及侧面，各斜向检测两处平整度）。

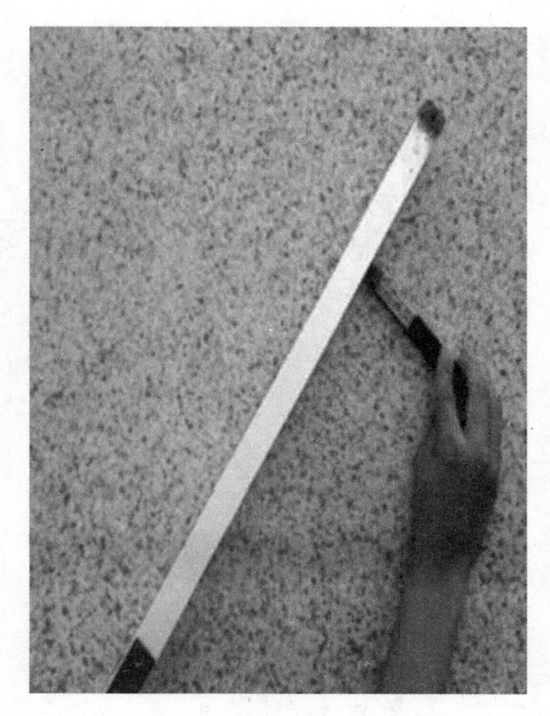

端头减去 100mm 后测定墙面平整度

3. 地面平整度检测

检测地面平整度时，与检测墙面平整度方法基本相同，仍然是每处应检测三个点，即顺直方向一点，并在其原位左右交叉 45° 各一点，取其三点的平均值。其他等方法参照“墙面平整度检测”进行检测。所不同的是遇有色带、门洞口时，应通过其进行检测。

顺直方向通过色带平整度检测示意图

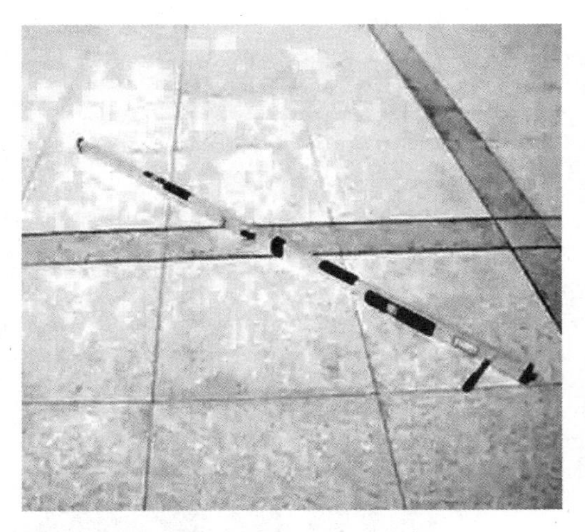

向左 45° 检测地面平整度

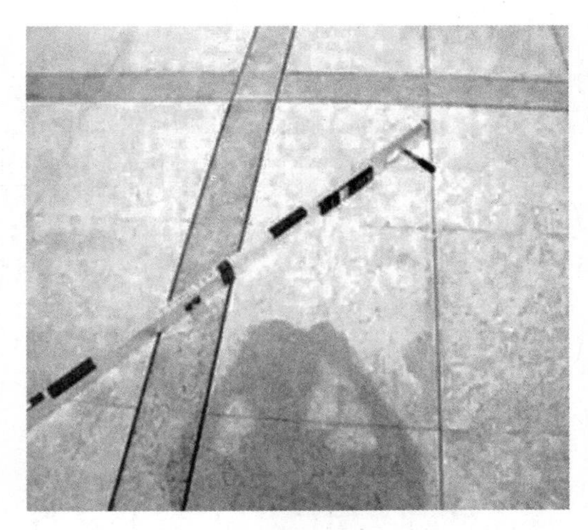

向右 45° 检测地面平整度

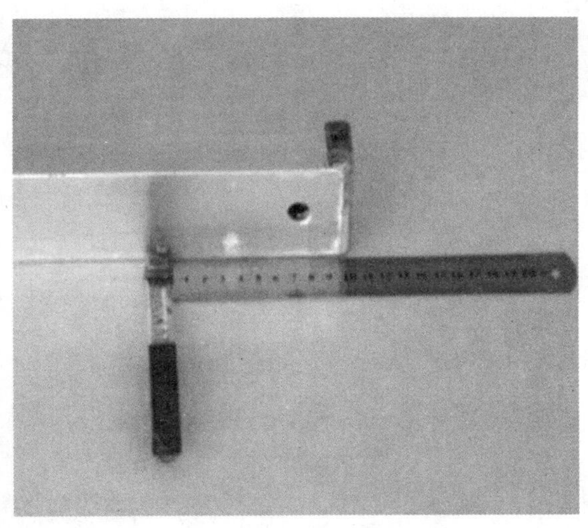

端头减去 100mm 后测定地面平整度

4. 水平度或坡度检测

视检测面所需要使用检测尺的长度，来确定是用 1m 的，还是用 2m 的检测尺进行检测。检测时，将检测尺上的水平气泡朝上，位于被检测面处，并找出坡度的最低端后，再将此端缓缓抬起的同时，边看水平气泡是否居中，边塞入楔形塞尺，直至气泡达到居中之后，在塞尺刻度上所反映出的塞入深度，就是该检测面的水平度或坡度。还可利用检测尺对规格尺寸不大的台面，或长度尺寸不大的管道水平度、坡度进行检测。

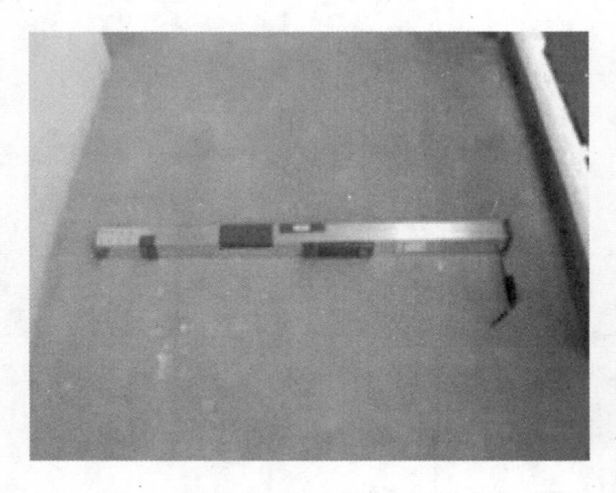

用1m检测尺检测地面水平度或坡度示意图

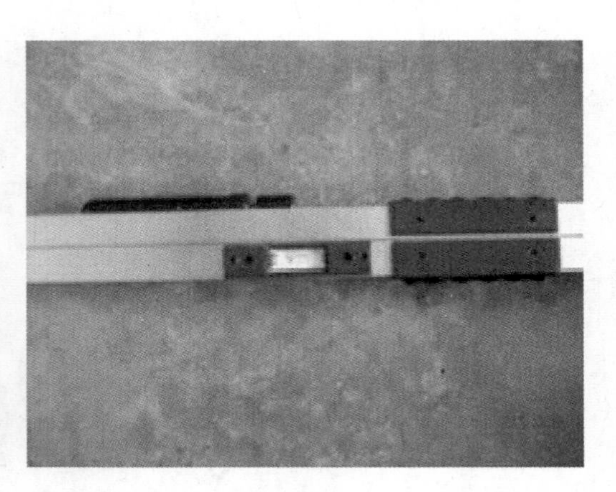

用1m检测尺检测地面水平度或坡度后气泡居中示意图

用2m检测尺检测地面水平度或坡度示意图

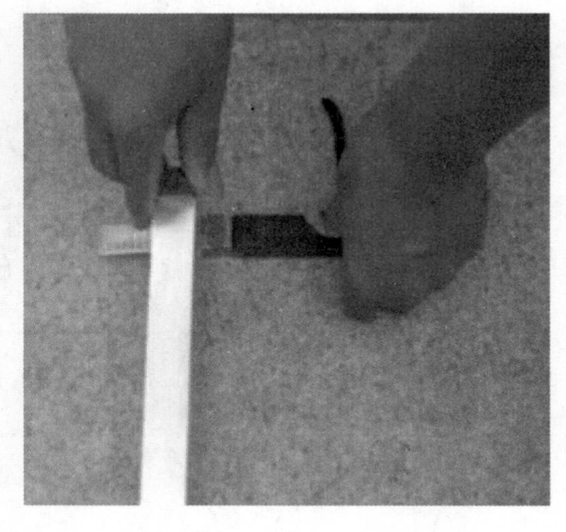

用2m检测尺及塞尺检测地面坡度示意图

二、小线盒、钢板尺、楔形塞尺及薄片塞尺

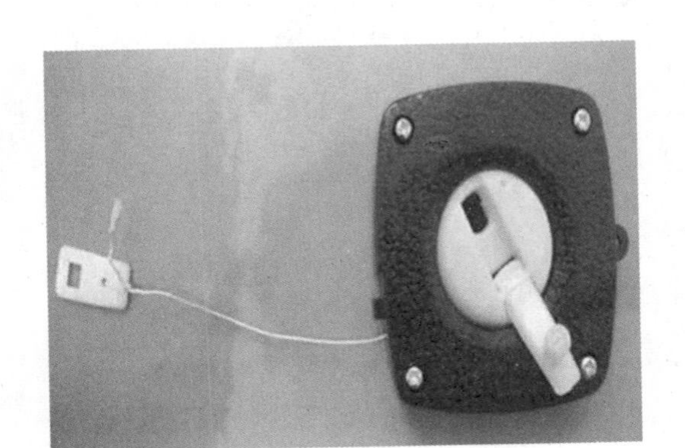

小线盒（卷线器）

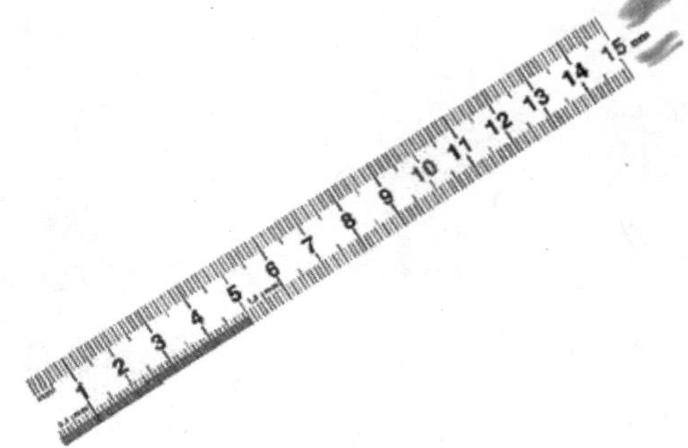

钢板尺

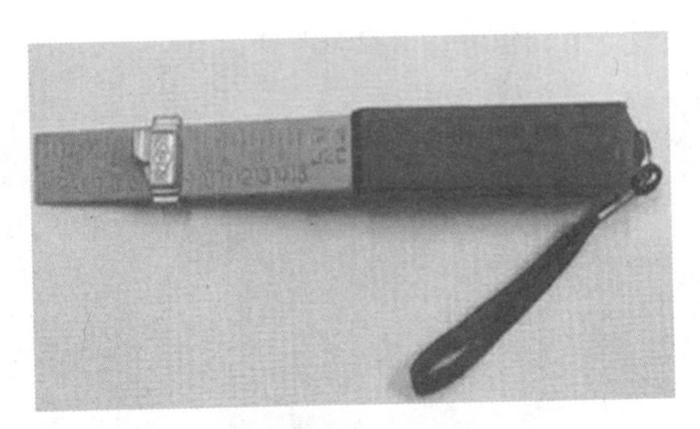

楔形塞尺（游标塞尺）

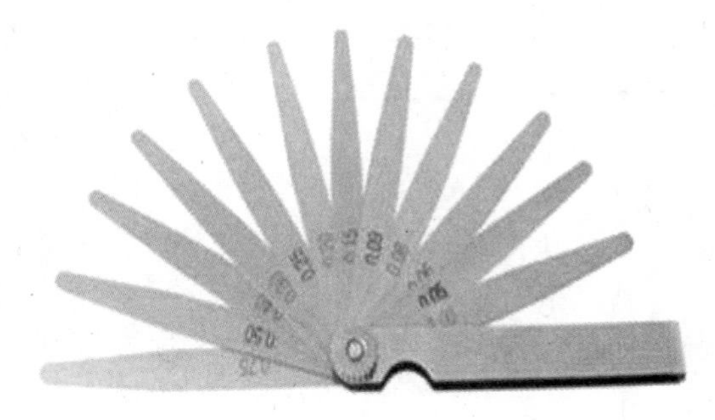

薄片塞尺（厚薄规）

1. 小线盒与钢板尺配合使用检测墙面板接缝直线度

从小线盒内拉出 5m 长的线，不足 5m 拉通线。三人配合检测，两人拉线，一人用钢板尺量测接缝与小线最大偏差值。

用小线与钢板尺三人配合检测饰面墙接缝直线度示意图

用钢板尺检测接缝直线度放大示意图

2. 小线盒与钢板尺配合使用检测地面板块分格缝接缝直线度

检测方法同上。

用小线与钢板尺三人配合检测地面砖接缝直线度示意图

检测地面板块墙接缝直线度放大示意图

3. 用钢板尺检测接缝宽度

用钢板尺检测分格缝较大缝隙时，注意钢板尺上面的刻度为 1mm 的精度；其下面的刻度为 0.5mm 的精度。

用钢板尺检测分格缝较大缝隙示意图

4. 用楔形塞尺（游标塞尺）检测缝隙宽度

用楔形塞尺检测较小接缝缝隙时，可直接将楔形塞尺插入缝隙内。当塞尺紧贴缝隙后，再推动游码至饰面或表面，并锁定游码，取出塞尺读数。

用楔形塞尺检测分格缝较小缝隙示意图

5. 用 0.1 ~ 0.5mm 薄片塞尺与钢板尺配合检查接缝高低差

先将钢板尺竖起位于面板或面砖接缝较高一侧，并使其紧密与面板或面砖结合。然后再视缝隙大小，选择不同规格的薄片塞尺，并将其缓缓插入缝隙即可。那么，在 0.1 ~ 0.5mm 薄片塞尺范围内，所选择的塞尺上标注的规格，就是接缝高低差的实测值。注意，当接缝高低差大于 0.5mm 时，用楔形塞尺进行检测。

用薄片塞尺与钢板尺配合检查接缝高低差

三、方尺（直角尺）

方尺也称之为直角尺，不仅适用于土建装饰装修饰面工程的阴阳角方正度检测，还适用于土建工程的模板 90° 的阴阳角方正度、箍筋与主筋的方直度、钢结构主板与缀板的方直度、钢柱与钢牛腿的方直度、安装工程的管道支架与管道及墙面或地面的方正度、避雷带支架与避雷带及女儿墙或屋脊、檐口的方直度等检测。

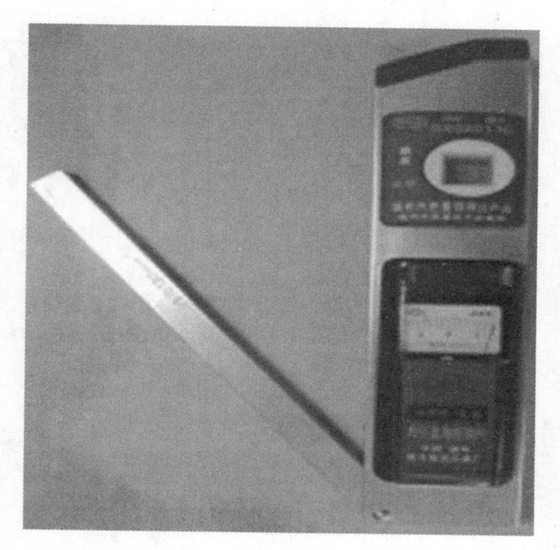

方尺（直角尺）

检测时，将方尺打开，用两手持方尺紧贴被检阳角两个面、看其刻度指针所处状态，当处于“0”时，说明方正度为 90°，即读数为“0”；当刻度指针向“0”的左边偏离时，说明角度大于 90°；当刻度指针向“0”的左边偏离时，说明角度小于 90°，偏离几个格，就是误差几毫米。（该尺左右各设有 7mm 的刻度，对于普通抹灰工程而言，允许偏差为 4mm，若超过 6mm，即超过 1.5 倍时，不仅是不合格，而且还须返修）。严格地讲，对一个阳角或阴角的检测应该是取上、中、下三点的平均值，才具有代表性。

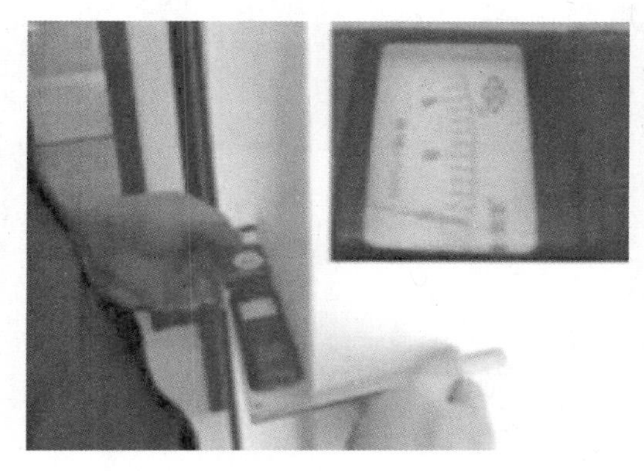

室内装饰墙面用方尺检测阳角方正示意图

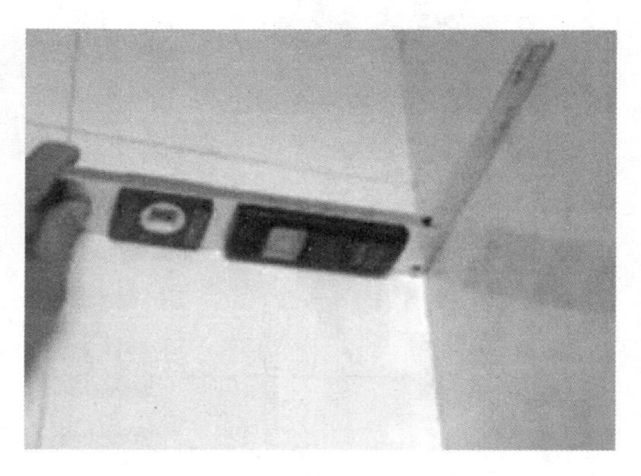

用方尺检测墙面砖阴角的方正示意图

用方尺检测石材墙面阳角的上部方正示意图

用方尺检测石材墙面阳角的中间点方正示意图

用方尺检测石材墙面阳角的下部方正示意图

用方尺检测墙面打底灰的阳角方正示意图

四、响鼓锤

响鼓锤分为两种，一种是锤头重 25g 的，称之为大响鼓锤；另一种是锤头重 10g 的，称之为小响鼓锤。其各自的用途和使用方法都不相同，不能随意乱用。

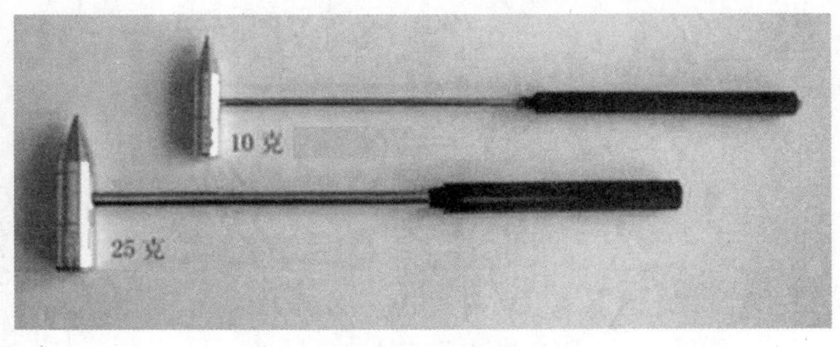

响鼓锤示意图

1. 大响鼓锤使用方法

大响鼓锤的锤尖作用，是用来检测大块石材面板，或大块陶瓷面砖的空鼓面积或程度的。使用的方法是将锤尖置于其面板或面砖的角部，左右来回退着向面板或面砖的中部轻轻滑动，边滑动边听其声音，并通过滑动过程所发出的声音来判定空鼓的面积或程度。

使用大响鼓锤锤尖检测大块石材面板空鼓示意图

使用大响鼓锤锤尖检测大块陶瓷面砖空鼓示意图

注意事项：

1）千万不能用锤头或锤尖敲击面板或面砖。

2）对空鼓面积做标注时，由于带色笔难以清除，最好用白色粉笔画出。

大响鼓锤的锤头作用，是用来检测较厚的水泥砂浆找坡层及找平层，或厚度在 40mm 左右混凝土面层的空鼓面积或程度的。使用的方法是将锤头置于距其表面 20 ~ 30mm 的高度，轻轻反复敲击，并通过轻击过程所发出的声音，来判定空鼓的面积或程度。

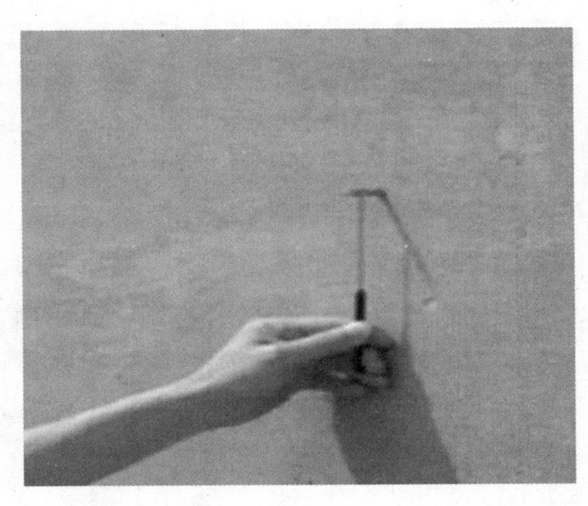

使用大响鼓锤锤头检测找平层空鼓示意图

2. 小响鼓锤使用方法

小响鼓锤的锤头作用，是用来检测厚度在 20mm 以下的水泥砂浆找坡层、找平层、面层的空鼓面积或程度的。使用的方法是将锤头置于距其表面 20 ~ 30mm 的高度，轻轻反复敲击，并通过轻击过程所发出的声音,来判定空鼓的面积或程度。

小响鼓锤的锤尖作用，是用来检测小块陶瓷面砖的空鼓面积或程度的。使用的方法是将锤尖置于其面砖的角部，左右来回退着向面砖的中部轻轻滑动，边滑动边听其声音，即通过滑动过程所发出的声音，来判定空鼓的面积或程度。

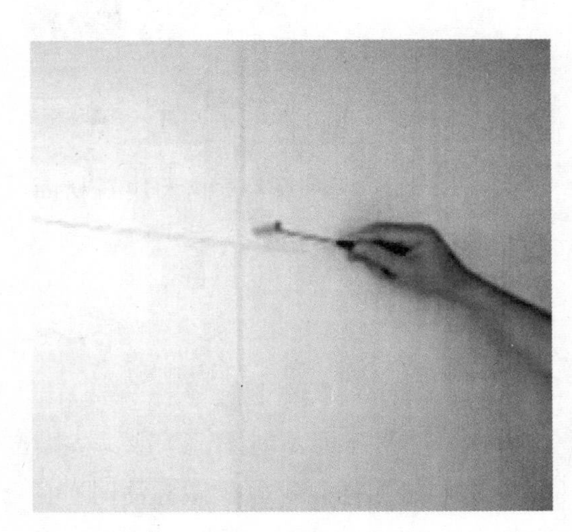

使用小响鼓锤锤尖检测小块陶瓷面砖空鼓示意图

3. 伸缩式响鼓锤及其使用方法

伸缩式响鼓锤也是常用的一种检测工具，伸缩式响鼓锤的作用，是用来检查地（墙）砖、乳胶漆墙面与较高墙面的空鼓情况。其使用方法是将响鼓锤拉伸至最长，并轻轻敲打瓷砖及墙体表面。即通过轻轻敲打过程所发出的声音，来判定空鼓的面积或程度。

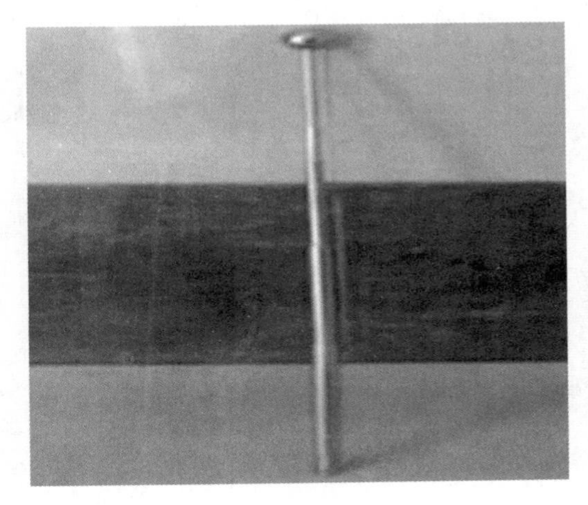

伸缩式响鼓锤示意图

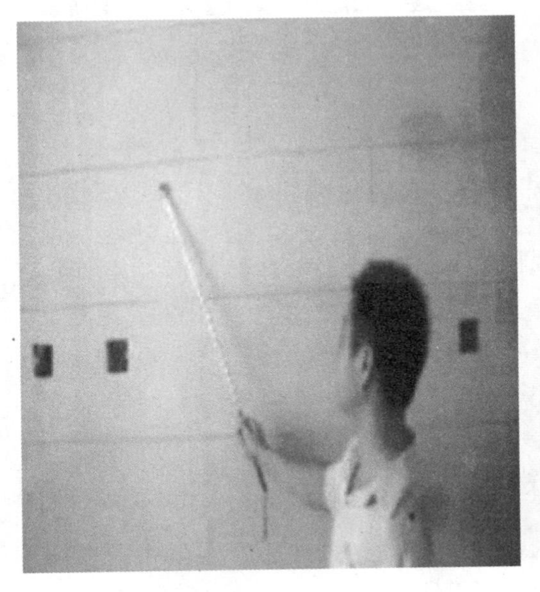

使用伸缩式响鼓锤检测面砖空鼓示意图

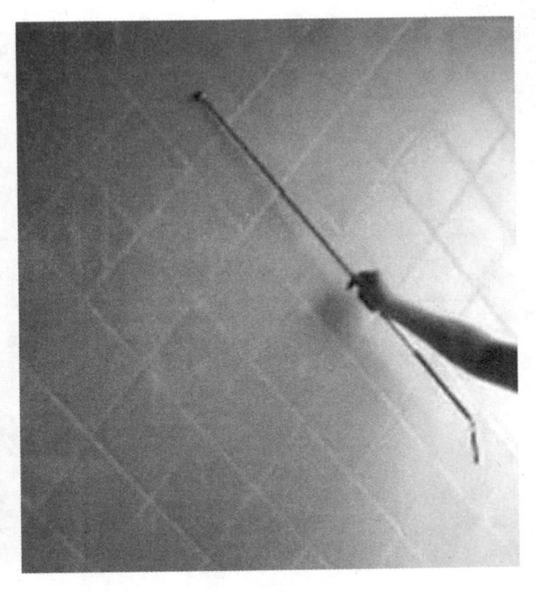

使用伸缩式响鼓锤检测地砖空鼓示意图

第三章 装饰抹灰

第一节 水刷石装饰抹灰

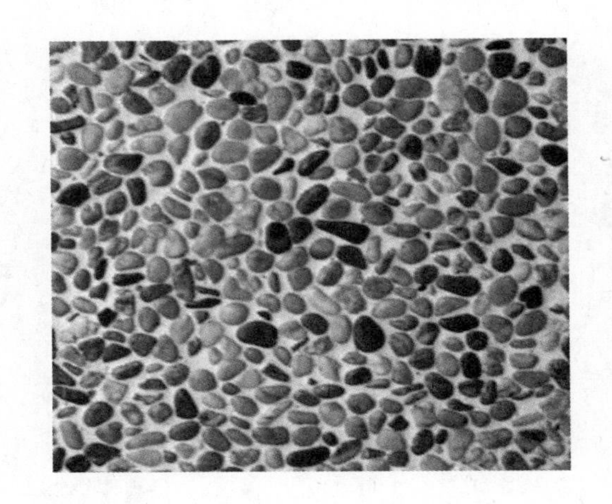

水刷石是指将适当配比的水泥石子浆抹灰面层，用棕刷蘸水刷洗表层水泥，使石子外露而让墙面具有天然美观感的一种抹灰工程。

水刷石施工工艺流程：

基层处理 → 抹底、中层灰 → 弹线、贴分格条 →

抹面层水泥石子浆 → 冲刷面层 → 起分格条及浇水养护

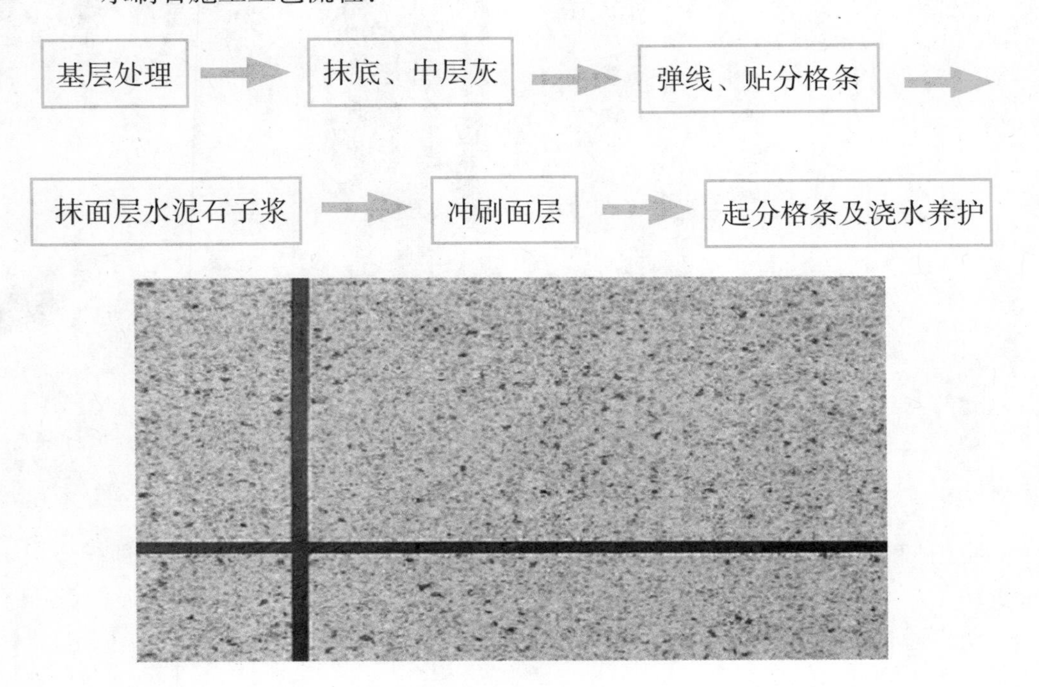

注意事项

为保证清洁，喷刷上段墙面用水泥纸袋浸湿后盖贴，待上段喷刷好后，再把湿纸往下移。如交叉作用时还要安装“接水槽”使喷刷的水泥浆有组织地流走，不至于冲毁下部墙面。

第二节　干粘石抹灰

干粘石是将彩色石粒直接粘在砂浆层上的一种饰面做法，也是由水刷石演变而来的一种装饰新工艺。其外观效果与水刷石相近。干粘石的施工操作比水刷石简单，工效高，造价低，又能减少湿作业，因而对于一般装饰要求的建筑均可以采用。

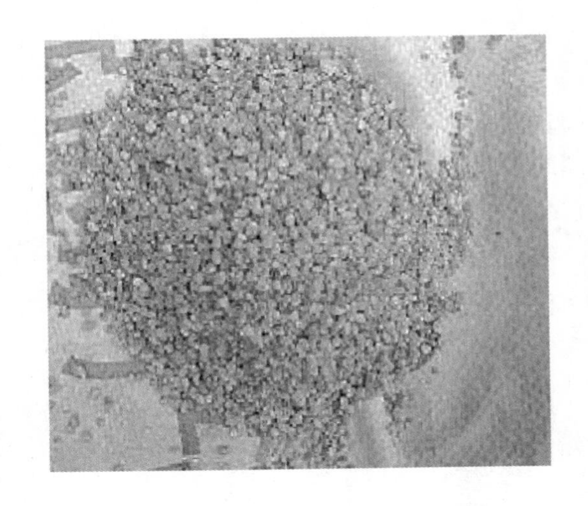

干粘石施工工艺流程：

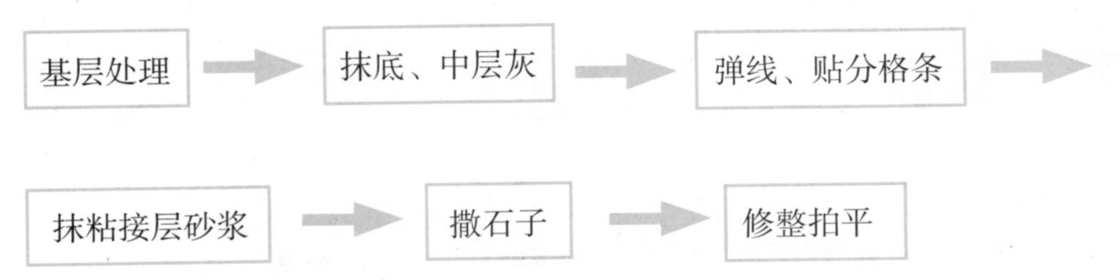

注意事项

撒石子时应两人同时连续操作，一人抹粘贴层，一个紧跟后面一手拿石子的托盘，一手用木拍铲起石粒，甩向粘贴层，从上至下快速进行，甩动动作要快。

第三节　斩假石抹灰

斩假石（人造假石、剁斧石）是在水泥砂浆基层上涂抹水泥石子浆，待凝结硬化具有一定强度后，用斧子及各种凿子等工具，在面层上剁斩出类似石材经雕琢效果的一种人造石料装饰方法。它具有貌似真石的质感，又具有精工细作的特征。适用于外墙面、勒脚、室外台阶和地坪等建筑装饰工艺。

斩假石施工工艺流程：

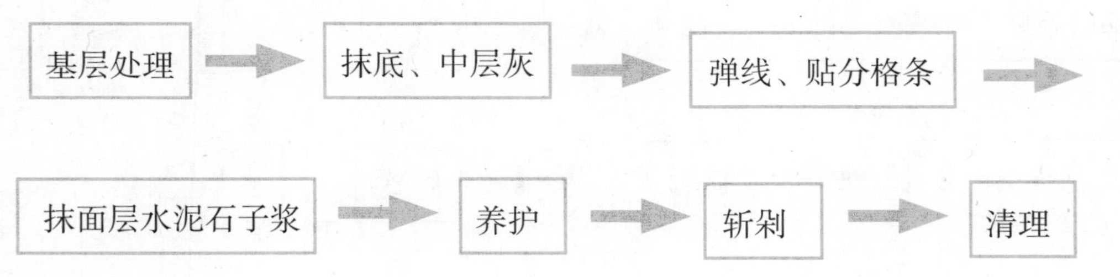

注意事项

斩假石的中层灰应采用 1∶2 水泥砂浆，操作同一般抹灰。中层灰六七成干后，按设计要求弹线、粘分隔条，浇水湿润，满刮水灰比 0.37 ~ 0.40 的素水泥浆一道，然后抹水泥石子浆。

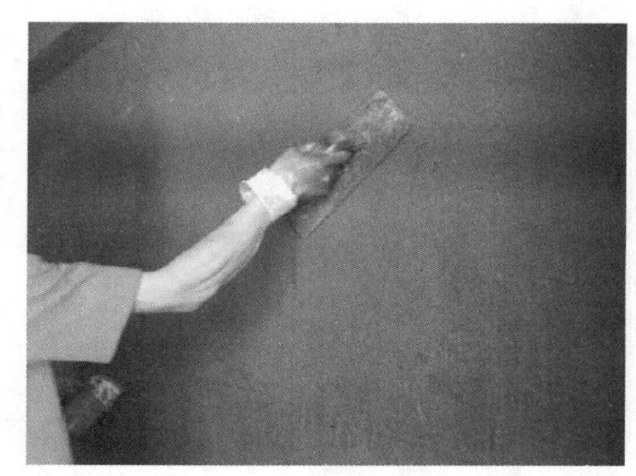

第四节　顶棚抹灰

顶棚抹灰施工工艺流程：

基层处理 → 弹线、找规矩 → 抹底子灰 → 抹罩面灰

1. 基层处理

首先，将凸出的混凝土剔平，对钢模施工的混凝土顶应凿毛，并用钢丝刷满刷一遍，再浇水湿润。

2. 弹线、找规矩

根据 +50cm 水平线找出靠近顶棚四周的水平线，其方法用尺杆或钢尺量至离顶棚板距离 100mm 处，再用粉线包弹出四周水平线，作为顶棚水平的控制线。

3. 抹底子灰

在顶板混凝土湿润的情况下，先刷 107 胶素水泥浆一道（内掺用水量 10% 的 107 胶，水灰比为 0.4 ~ 0.5），随刷随打底；底灰采用 1∶3 水泥砂浆（或 1∶0.3∶3 混合砂浆）打底，厚度为 5mm，操作时需用力压，以便将底灰挤入顶板细小孔隙中；用软刮尺刮抹顺平，用木抹子搓平搓毛。

4. 抹罩面灰

待底灰约六七成干时，即可进行抹罩面灰；罩面灰采用 1∶2.5 水泥砂浆或 1∶0.3∶2.5 水泥混合砂浆，厚度为 5mm。抹时，先将顶面湿润，然后薄薄地刮一道使其与底层灰抓牢，紧跟抹第二遍，横竖均顺平，用铁抹子压光、压实。

第五节 墙面抹灰

一、墙面抹灰新材料及工艺

1. 硅藻泥

硅藻泥是一种以硅藻土为主要原材料的内墙环保装饰壁材，具有消除甲醛、净化空气、调节湿度、释放负氧离子、防火阻燃、墙面自洁、杀菌除臭等功能。由于硅藻泥健康环保，不仅有很好的装饰性，还具有功能性，是替代壁纸和乳胶漆的新一代室内装饰材料。

调 配

调配时，一般先准备好水，再加入色浆和硅藻泥粉。

使用搅拌器搅拌，直到材料成为细腻的膏状为止。

常见工艺

工艺 1 平光法

平光工艺需要工人用工具将硅藻泥均匀批涂至墙面呈白色平滑效果。用不锈钢镘刀将搅拌好的材料薄薄地涂在基面上，每次约 80cm 即可。接着，按同一方向批涂第二遍，确保基层均匀平整无刀痕与气泡。待涂层表面指压不粘并无明显压痕后再批涂第三遍并及时修正出现的凹凸痕迹。

工艺 2 喷涂法

喷涂工艺指灰浆依靠压缩空气的压力从喷枪中均匀喷涂而成的效果。适合大面积施工作业，效率较高。喷涂一般分为 2 次进行。喷涂完后，要立即清理所粘贴的防护胶带，并用羊毛排刷蘸水甩干，理顺各粘贴防护胶带的边缘。

工艺 3 艺术法

利用各种工具如镘刀、毛刷、丝网等做出不同风格的机理效果统称为艺术工艺。

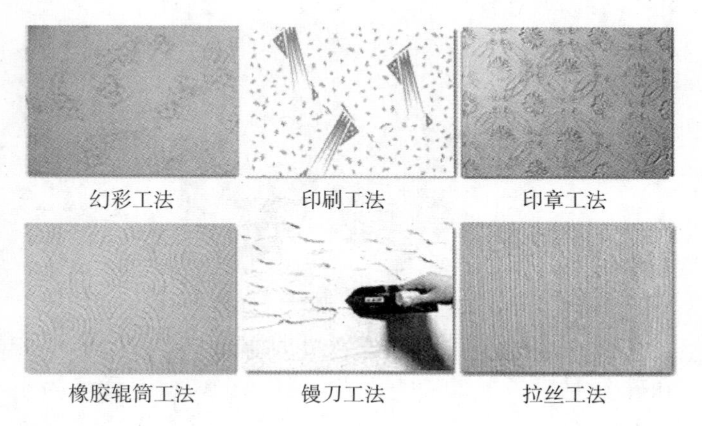

幻彩工法　印刷工法　印章工法

橡胶辊筒工法　镘刀工法　拉丝工法

2. 粉刷石膏

粉刷石膏是一种白色粉末状气硬性材料，遇水后能在空气中很好硬化，且硬化后具有一定的强度，是一种适用于内墙抹灰的胶凝材料，是我们近年来研制成功的一种新型内墙抹灰材料。

搅　拌

将水放入容器，水灰比为 2：8。

倒入粉刷石膏。

及时搅拌，直至搅拌均匀。

粉　刷

上墙。

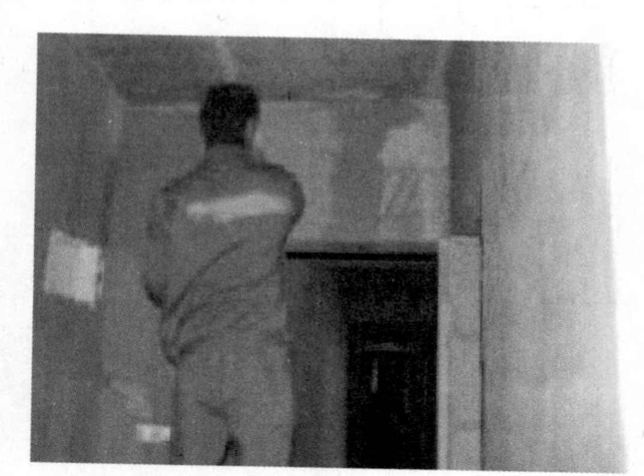

泥抹大致找平。

最终找平

靠尺测量平整度。

初凝时间内可用泥抹直接找平。

初凝后，需用平面刨刀打磨找平。

整体效果。

二、内墙抹灰

内墙抹灰施工工艺流程：

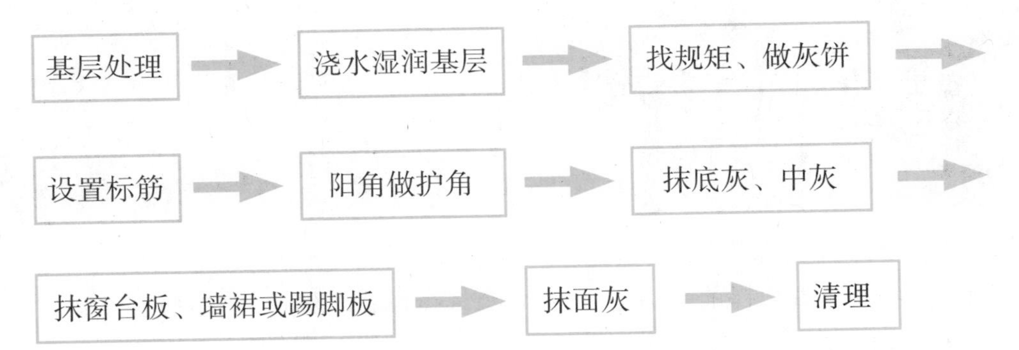

1. 沙子选用中沙，含泥量≤ 5% 控制砂浆配合比，在专用上料车上做出标记。

2. 墙面抹灰前，在地面上弹好墙面归方控制线，在窗口挂通线，定位窗口中线。

3. 不同材质基层交界处，采用水泥胶浆粘贴 300mm 宽耐碱网格布（主体验收前），混凝土墙面提前甩粘 1 : 1 水泥胶浆（主体验收后），待胶浆硬化后方可进行抹灰（间隔> 3d）。

4. 抹灰前，砖墙需提前 1d 洒水湿润。

5. 抹灰前，初步核验墙体垂直平整，预测抹灰厚度，在墙体底部挂水平通线。

6. 根据归方控制线调整水平通线前后距离，确保通线与控制线平行。通线定位后作为抹灰成活面线，在线位两端打点。

7. 根据通线在墙体中间打点，点位间距小于 2m。

8. 将墙体底部两端点位向上传递，悬挂通线打第二排点，与第一排点位间距小于 2m。

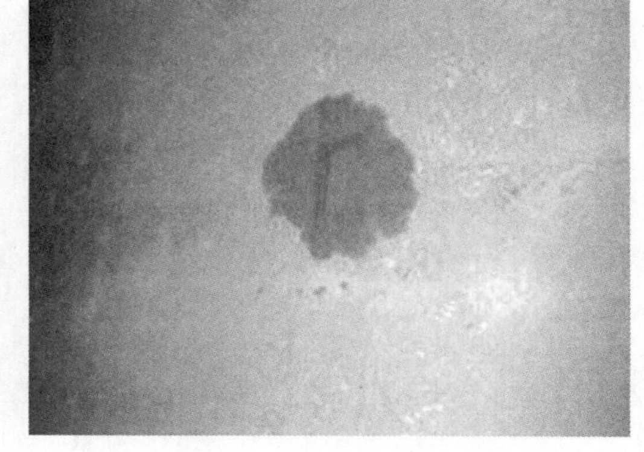

9. 将点位切割成型，打点工作完成。

10. 抹灰前，混凝土墙须进行二次甩浆，第一遍打底控制在 8 ~ 10mm，压实平整，保证无空鼓、坠裂。

11. 面层抹灰与底层抹灰要有一定时间间隔（大于 1d）。抹灰时，根据灰饼控制成活厚度，采用刮杠刮平。

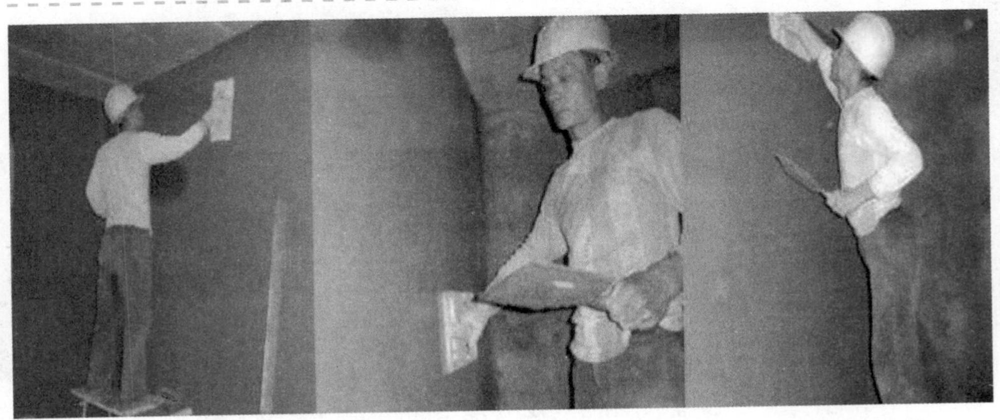

12. 使用塑料抹子进一步搓平，保证面层光滑平整，无砂眼，无抹纹。

13. 抹灰时，控制门膀平直，两侧墙体平整上线，门洞口成活尺寸符合要求。

14. 抹灰成活阴阳角方正干净、梁底水平上线。

15. 盒体割槽方正，线盒及管根处要处理干净，无污染与毛刺。

16. 墙面宏观要求干净平整，与顶棚交界处水平上线，抹灰完成后及时进行喷水养护。

三、外墙抹灰

外墙抹灰施工工艺流程：

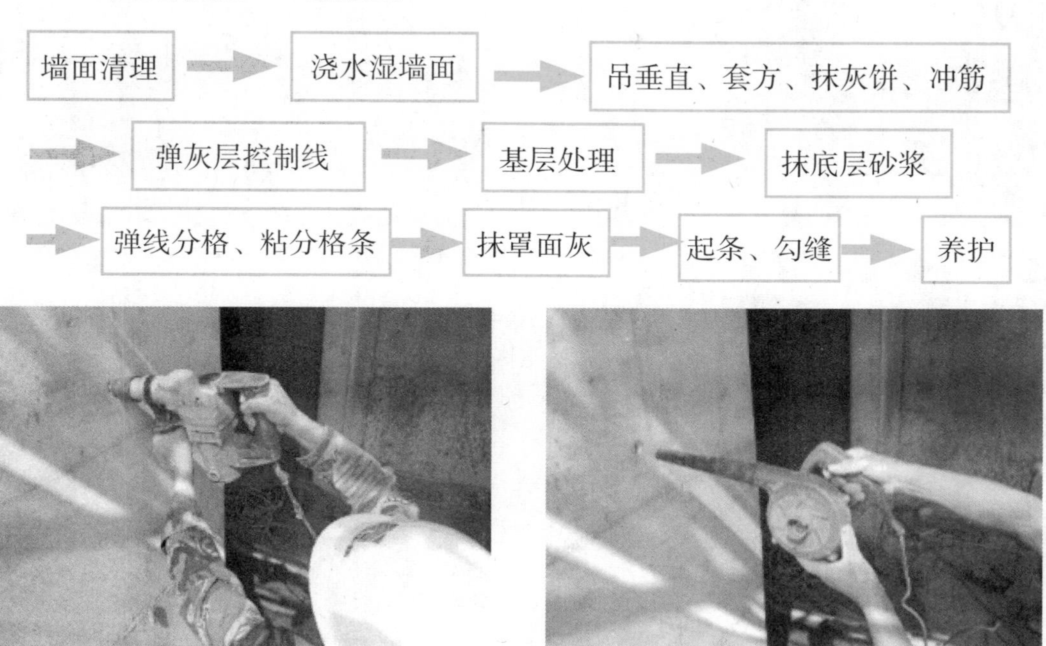

1. 基层处理。外墙螺杆洞处理：用冲击钻钻入孔内 60 ~ 80mm，钻出 PVC 管材，后用电吹风吹出孔内浮灰。

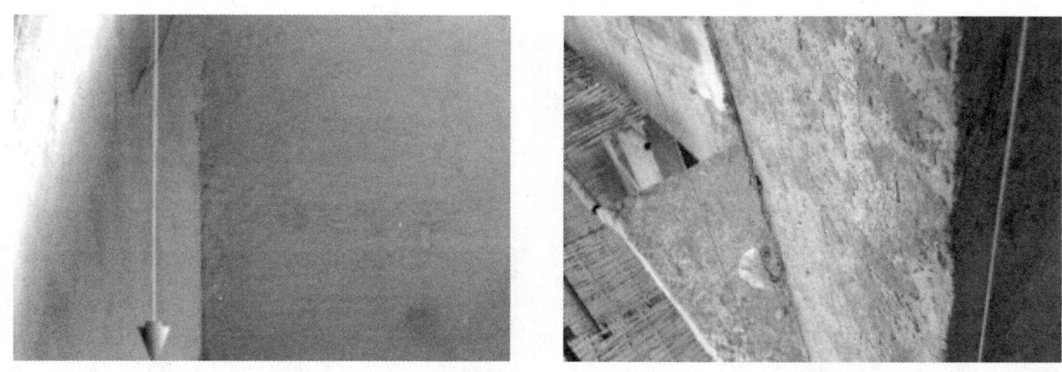

2. 吊线。由专业测量用经纬仪将墙体阳角垂直控制线定出，施工班组上下吊细铁丝，固定。每隔 5m 水平间距吊垂线。必须确保墙面的阳角、阴角处设置厚度控制线。放线时，应从墙面的大阳角处放起，门窗口角、墙体阴角、阳台角等处均挂好厚度控制线。

3. 做灰饼、护角。按厚度控制线，用玻化微珠保温砂浆作标准厚度灰饼，间隔适度。阳角、窗边采用 1∶2.5 水泥砂浆做护角。灰饼布置要求：灰饼不少于 2 排，两饼间距不大于 1.2m，门洞位置，阴阳角处。

4. 将调配好的界面剂批刮在墙面上，刷涂均匀，厚度一致。保温砂浆涂抹应在界面砂浆初凝前开始，分两遍涂抹成活，第一遍涂抹厚度宜在 10mm 以内。注意压实、找平，面层采用铝合金刮尺刮平。

5. 以舔抹方式施工保持鱼鳞状表面，24h 后进行下一遍施工，依次类推，最后达到设计厚度要求。最后一遍操作以修为主，凹陷处用保温浆料填实，凸起处用抹子将其刮平。

6. 磨面。

7. 打毛。

8. 收面。

9. 养护 3 ~ 5d。

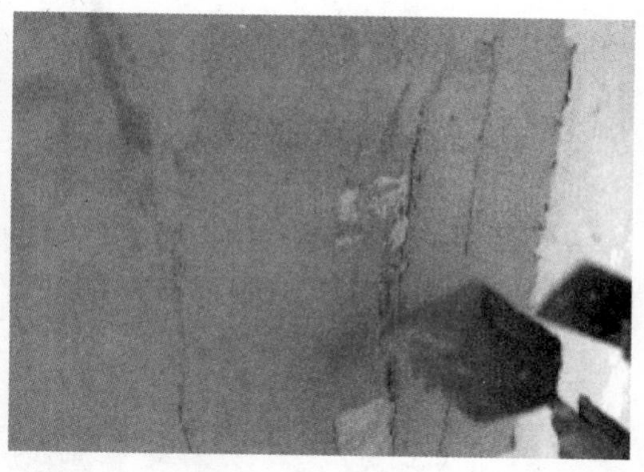

10. 抹第一遍抗裂砂浆，待保温砂浆养护好后，将拌匀的抗裂砂浆（水灰比约1∶4）沿工作面均匀地批刮在表面已处理干净的保温砂浆上，抗裂砂浆厚度约为1.5 ~ 2mm。

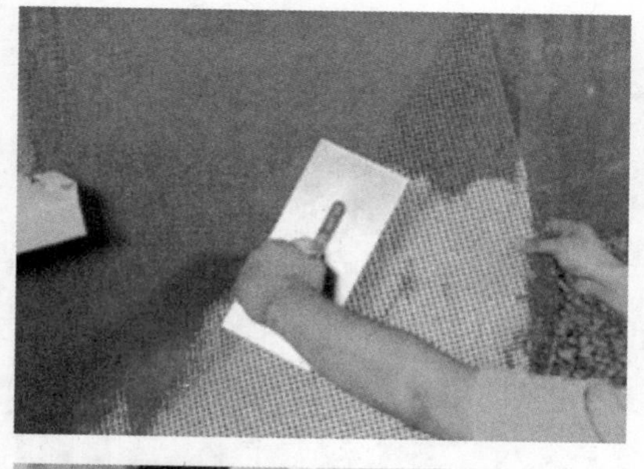

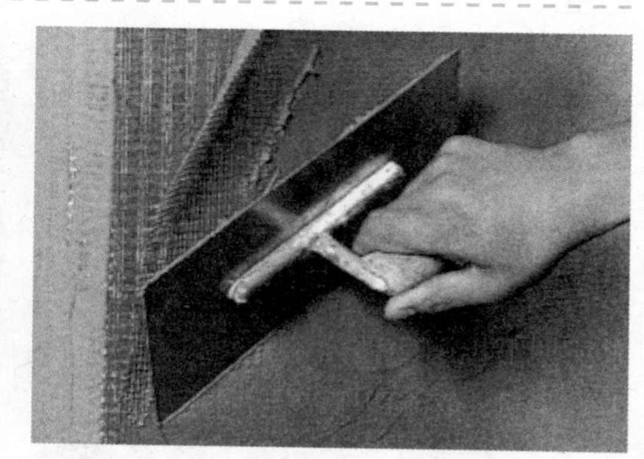

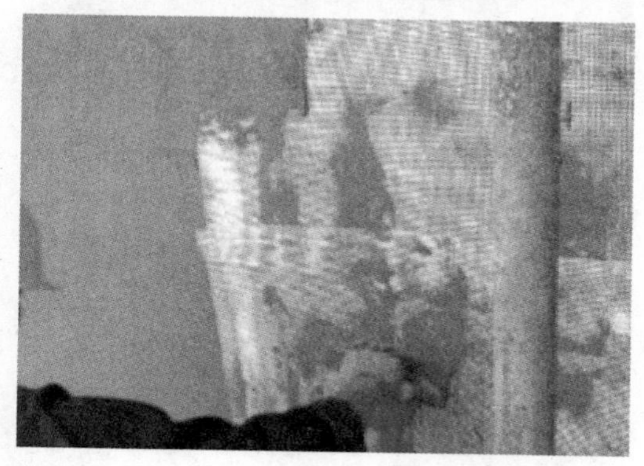

11. 在批第一遍抹灰泥后，应随即将网格布压入湿的抗裂砂浆内，压入深度不得过深，表面网纹应显露。铺贴网格布应沿工作面外墙自上而下进行。用抹子由中间向上、下两边将其抹平，使其压紧至抗裂砂浆层上。标准网格布的拼接，其左右水平方向和上下垂直方向搭接宽度不小于100mm。

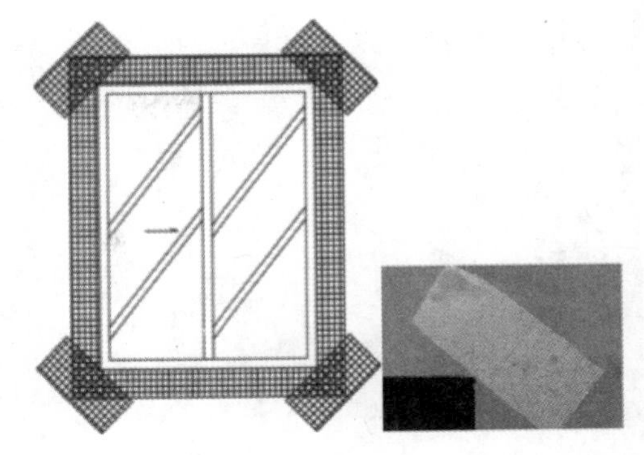

12. 包边网格布的铺贴，主要是对阳角部位的护角加强，应先在阳角部位的保温层包边铺贴窄幅网格布，然后在包边网格布上铺贴大面网格布。窗角贴网格布应加强。

13. 抹抗裂砂浆底层及粘贴网格布或铺挂钢丝网施工完毕，即可再批刮抗裂砂浆面层，抹灰厚度约为 1.5 ~ 2mm。抹面层总厚度不小于 3mm。

第六节　地面抹灰

一、水泥砂浆地面抹灰

水泥砂浆地面抹灰施工工艺流程：

基层处理 → 标高抹灰饼 → 刷水泥浆 → 铺水泥砂浆 → 表面亚光处理 → 养护

1. 基层处理。施工前确保地面空鼓、起块等已经被修补或铲除。

2. 标高抹灰饼。确定找平厚度，弹出找平控制线，沿墙四周抹灰饼。

3. 刷水泥浆。按比例调制好水泥浆涂刷到地面，形成结合层。

4. 在涂刷完水泥砂浆后，铺水泥砂浆，泥砂浆配合比为水泥：砂＝1∶2，应搅拌均匀。满铺水泥砂浆后，用长木杠拍实搓平，使砂浆与基层结合密实。

5. 用铁抹子将水泥砂浆表面压平、压实、压光，并随时用靠尺检查平整度。面层压光24h后，在面层铺锯末或其他材料覆盖，洒水养护，保持湿润，养护时间不少于7d，抗压强度达5MPa时才能上人。

二、自流平水泥地面抹灰

自流平水泥地面抹灰施工工艺流程：

地面打磨处理 → 涂刷界面剂 → 倒自流平水泥 → 用滚筒压匀水泥 → 养护

1. 地面打磨处理。需要用到地面打磨机，采用旋转平磨的方式将凸块磨平。

2. 涂刷界面剂。在地面打磨处理步骤完成并清理干净后，就需要在打磨平整的地面上涂刷两次界面剂。

3. 倒自流平水泥。调配自流平水泥，水泥和水的比例是 1∶2。

4. 在界面剂干燥之后，就可以将搅拌好的自流平水泥倒在地上，倒到地面上之后，水泥可以顺着地面流淌，但是不能完全流平，需要施工人员用工具推赶水泥，将水泥推开推平。

5. 用滚筒压匀水泥。靠表面为刺状的滚筒将水泥压匀，使表面更平滑坚实。

注意事项

施工中，施工人员难免要踩到水泥面上，为保证鞋子不会在水泥上留下印记，施工人员一般是要穿上特殊的鞋子进行施工的。这种鞋子鞋底下面布满钉子，不过不影响站稳，同时也能减少在水泥面上留上印记。

三、水磨石地面抹灰

水磨石地面抹灰施工工艺流程：

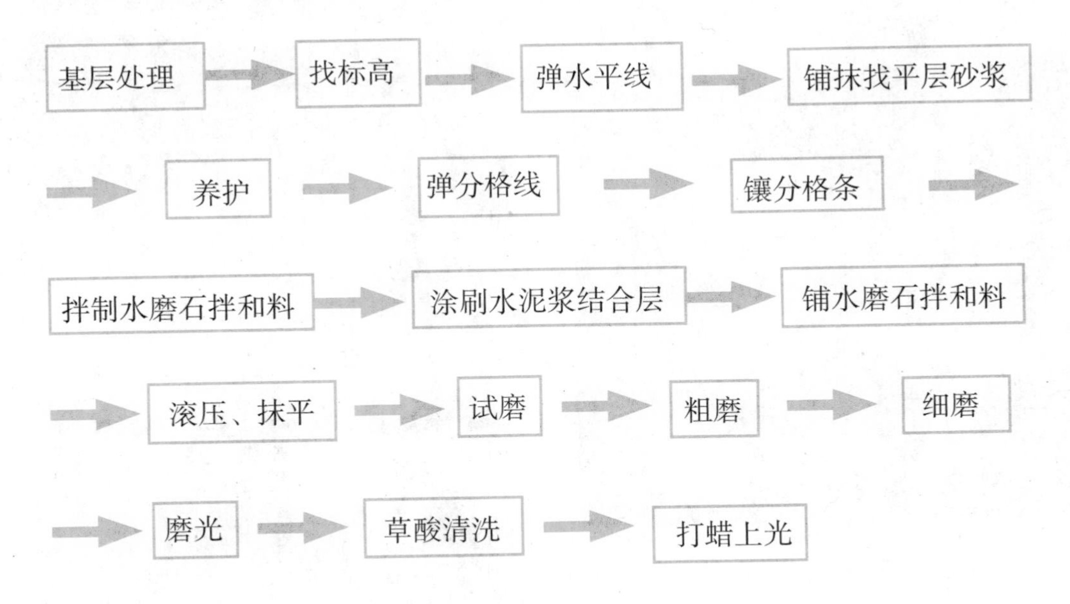

1. 基层处理。将混凝土基层上的杂物清理干净。

2. 镶嵌玻璃条，最好在楼地面弹上墨线。再用水泥浆填实玻璃条边。

3. 白石子、小粒径作为细骨料使用，相当于混凝土里砂的作用。大粒径相当于碎石作用。

4. 镶边。

6. 待磨石面层达到一定强度时开始打磨。

5. 滚筒碾压。

7. 打磨三到五次后上草酸，打蜡上光。

第七节　细部抹灰

阳台天花、窗檐等位置设置成品滴水线条。

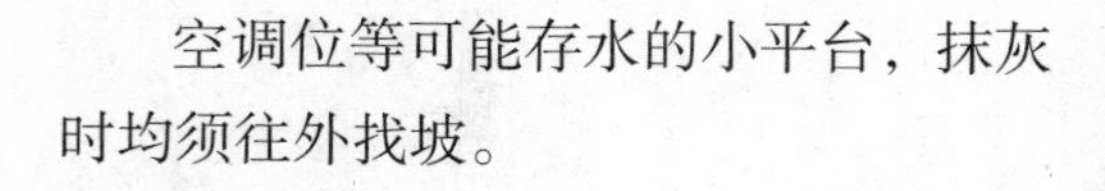

空调位等可能存水的小平台，抹灰时均须往外找坡。

装修房屋的石材踢脚线厚度较大时，应与装修设计师沟通，考虑在踢脚线范围抹灰时留出凹位，使踢脚线镶贴后不凸出太多。

一般砖砌窗台分为外窗台和内窗台，也可分为清水窗台或混水窗台。混水窗台通常是将砖平砌，用水泥砂浆进行抹灰。

压顶一般是女儿墙顶现浇的混凝土板带，抹灰前要拉通线，因其两面都有檐口，两面都有设滴水线或滴水槽。

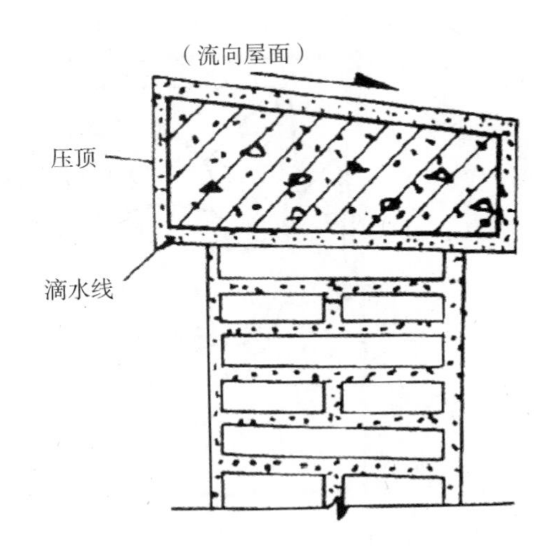

柱按材料一般可分为砖柱、钢筋混凝土柱；按其形状又可分方柱、圆柱、多角形柱等。室内柱一般用石灰砂浆或水泥砂浆抹底层、中层；麻刀石灰或纸筋石灰抹面层；室外柱一般常用水泥砂浆抹灰。

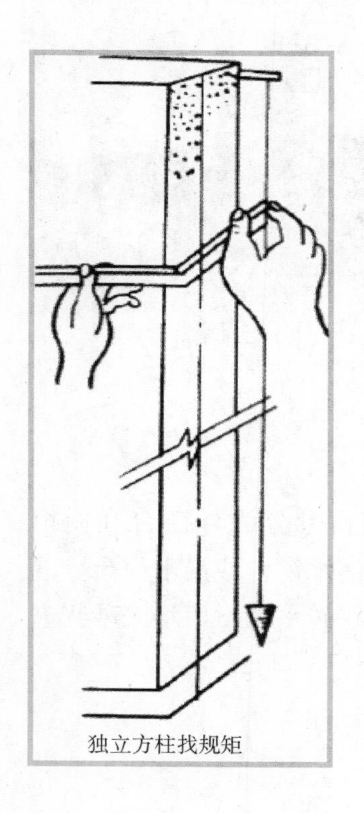
独立方柱找规矩

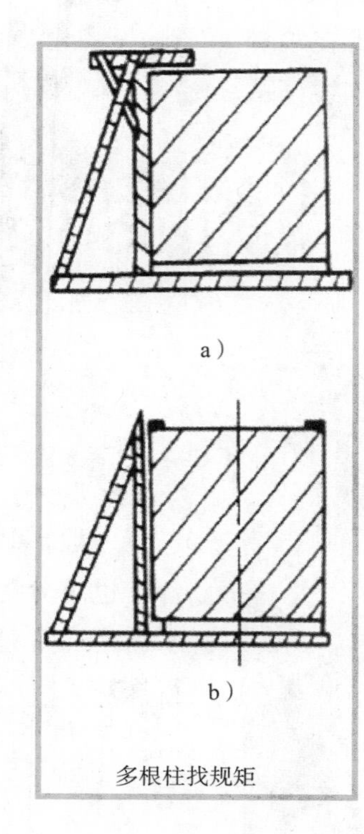

多根柱找规矩

方柱

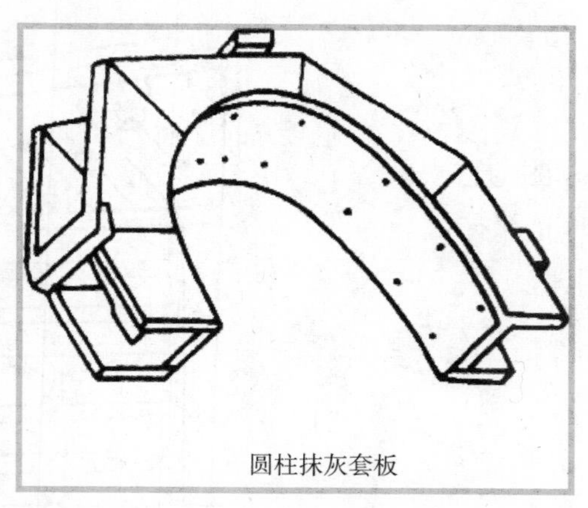
圆柱抹灰套板

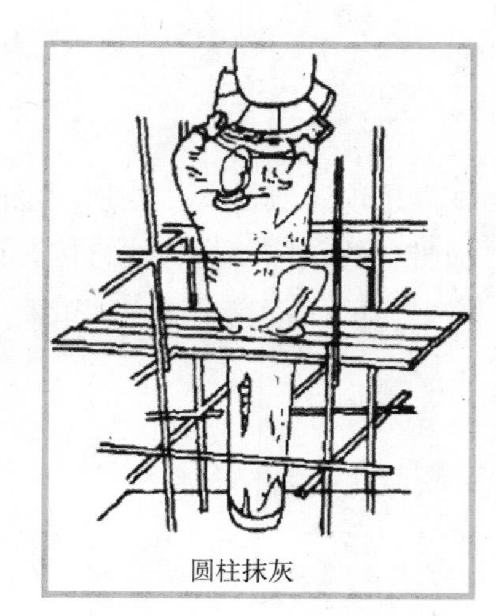
圆柱抹灰

圆柱

楼梯抹灰前，除将楼梯踏步、栏板等清理刷净外，还要将安装栏杆、扶手等的预埋件用细石混凝土灌实，然后根据休息平台的水平线和楼面标高，按每个梯段的上、下两头踏步口，在楼梯侧面墙上和栏板上弹出一道踏步标准线。抹灰时，将踏步角对在斜线上，或者弹出踏步的宽度与高度再铺抹。施工方法如下：

首先，清理基层表面并浇水润湿，刷水泥速浆。

随即抹 1∶3 水泥砂浆底子灰，厚度为 10 ~ 15mm。先抹立面，再抹平面，一级一级由上往下做。抹立面的时候，八字靠尺压在踏脚板上，按尺寸留出灰头，使踏脚板的尺寸一致。依着八字靠尺上灰，用木抹子搓平。做出棱角，把底子灰划糙，第二天再罩面。

罩面时，用 1∶2 水泥砂浆，厚度为 8 ~ 10mm，压好八字尺。根据砂浆收水的干燥程度，可以连做几个台阶，再反上去，借助八字靠尺，用木抹子搓平，钢片抹子压光。

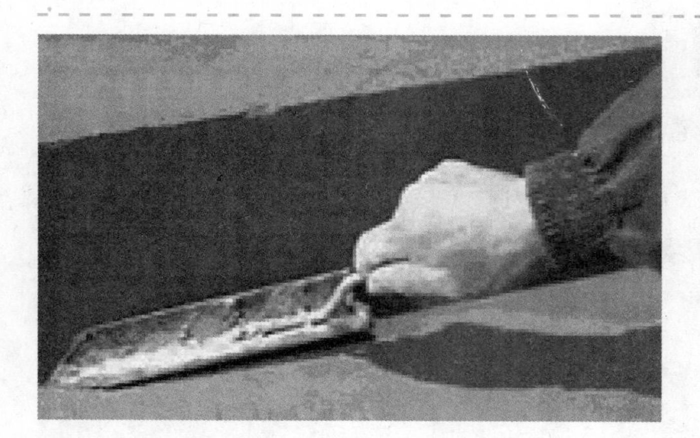

阴阳角处用阴阳抹子捋光。

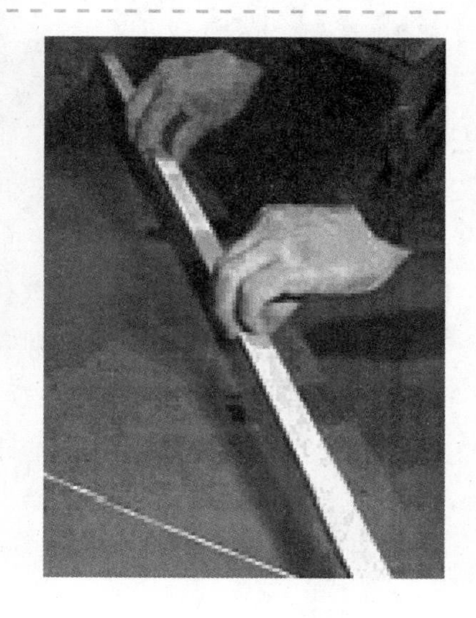

活完 24h，开始洒水养护，没有达到强度的，严禁伤人。踏步板设有防滑条时，在罩面过程中应距踏步口 40mm 处，用素水泥浆沾上宽 20mm、厚 7mm 的 4T 形的分格条。

抹面时，使罩面灰与分格条抹平，当罩面灰压光以后，取出分格条。

在槽内填抹 1 : 1.5 水泥金刚砂砂浆，高出踏步面 3 ~ 4mm，用圆阳角抹子压实、捋光。

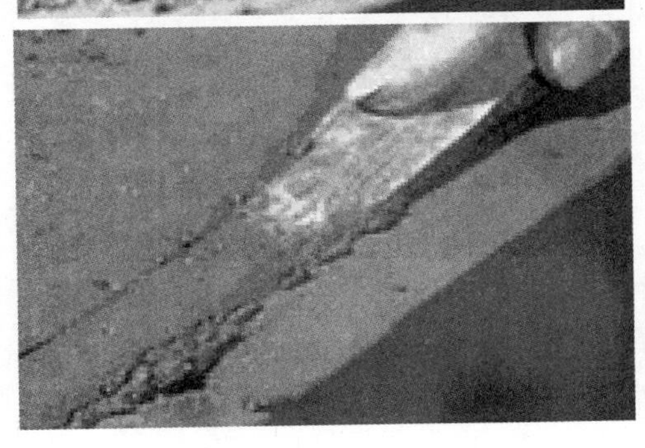

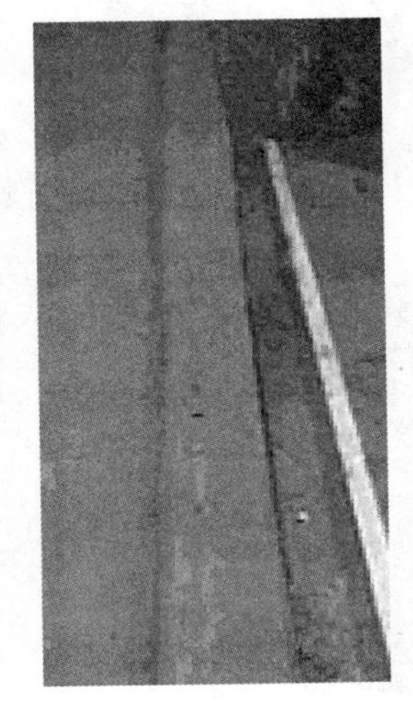

也可用刻槽直板，把防滑条位置的灰挖掉，取代粘分格条的工序。

第四章　装饰装修镶贴施工

第一节　饰面板（砖）的种类

一、木饰面板

柚木

高级进口木材，油性丰富，线条清晰，色泽稳定，装饰风格稳重。是装饰家具不可缺少的高级材料。直纹表现出非凡风格，山纹彰显沉稳风范。

黑檀

色泽油黑发亮，木质细腻坚实，为名贵木材，山纹有如幽谷，直纹疑似苍林。装饰效果浑厚大方。为装饰材料之极品。

胡桃木

产于美国、加拿大之高级木材。色泽深峻，装饰效果稳重。属于高级家具特选材料。

白橡

色泽略浅，纹理淡雅。直纹虽无鲜明对比，却有返璞归真之感。山纹隐含鸟鸣山幽。装饰效果自然。

红橡

主要产于美国。纹理粗犷，花纹清楚，深受欧美地区喜爱。

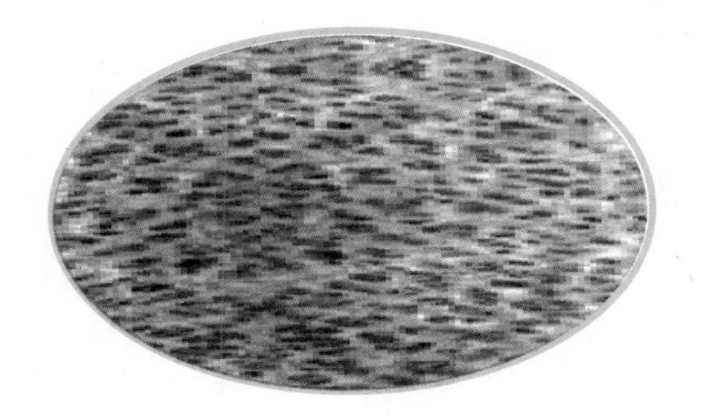

雀眼树瘤

看似雀眼。与其他饰板搭配，有如画龙点睛的效果。

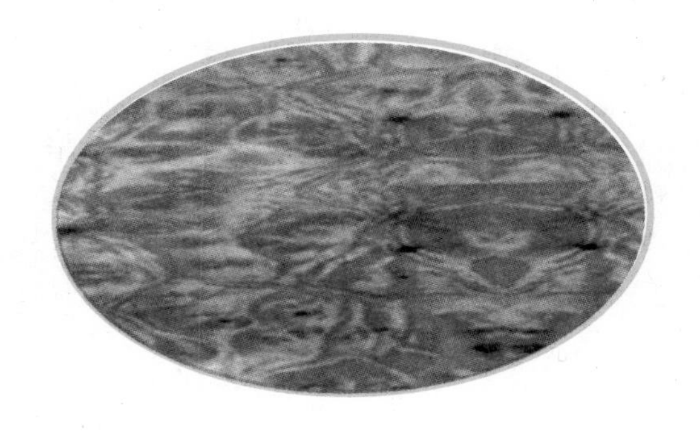

玫瑰树瘤

质地细腻，色泽鲜丽，图案独特，适用于点缀配色。

美国樱桃木

自然柔美，色泽粉中带绿，高贵典雅，装饰效果呈现高感度视觉效果。

沙比利

线条粗犷，颜色对比鲜明，装饰效果深隽大方，为家具不可缺少的高级木材。

安丽格

色泽略带浅黄，线条高雅迷人，清新逸气确有另一番情境。

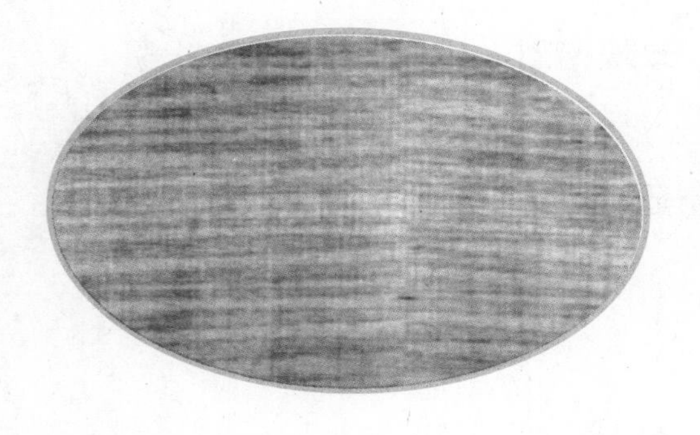

红影

即安格丽水波。有如动感水影，呈现活泼自然效果。

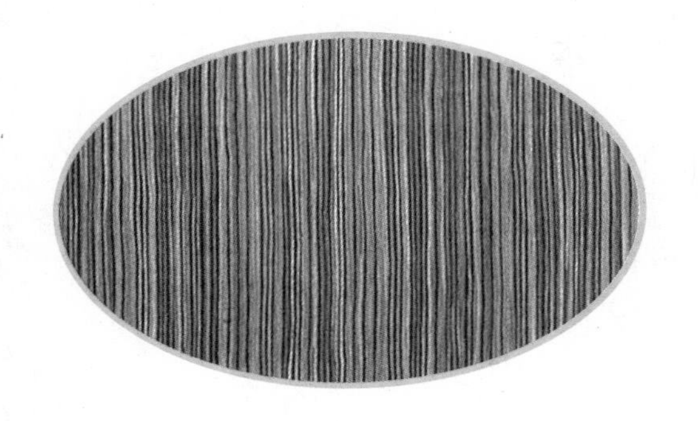

斑马木

色泽深鲜，线条清楚，呈现独特的装饰效果。

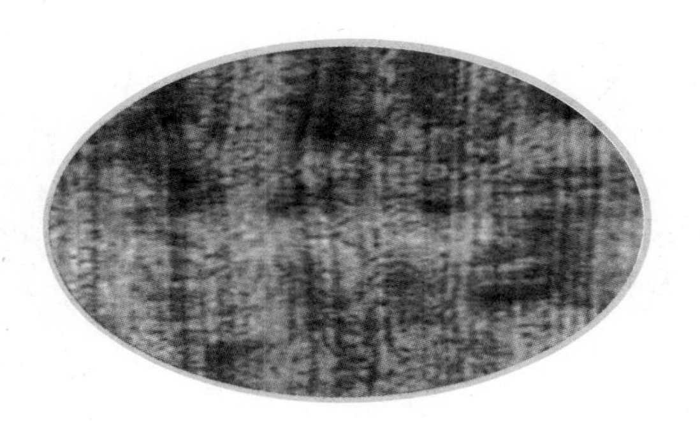

麦格丽

材质精细。色泽对比鲜明，呈现深烈影波与立体感效果。

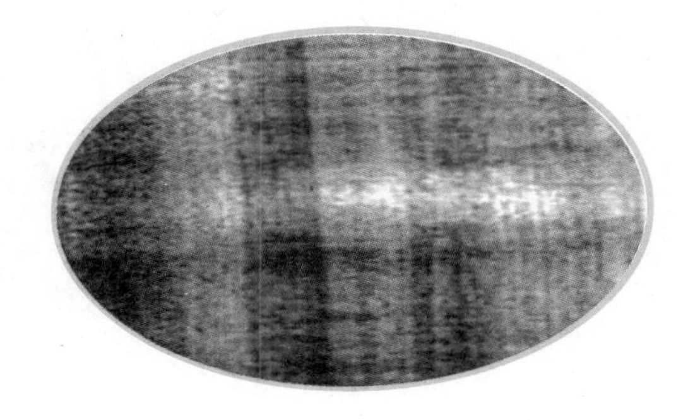

红樱桃木

色泽鲜艳，属暖色调。装饰效果温馨浪漫，为宾馆、餐厅首选饰材。直纹恰似春江水暖、山纹宛若惠风和畅。

巴花木

图形丰富多彩，色泽奇丽，花纹亮丽。装饰于门板、天顶，独具奇观。

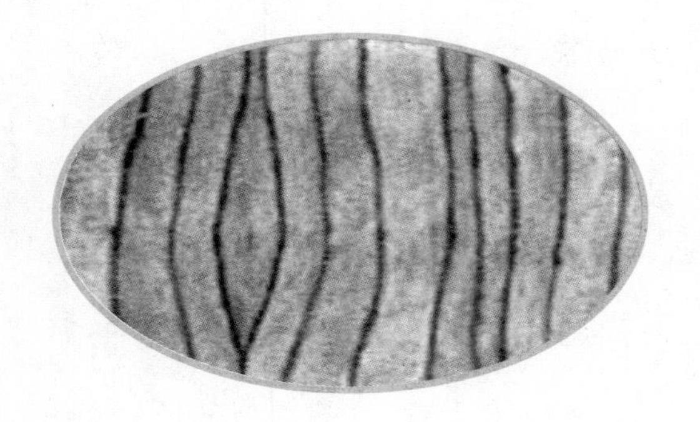

玫瑰木

线条纹理鲜明，色泽均匀。装饰效果呈现清晰现代感。

梨木

材质精细。纹路细腻，色泽亮丽，呈现夺目鲜丽效果。为装饰不可多得的材料。

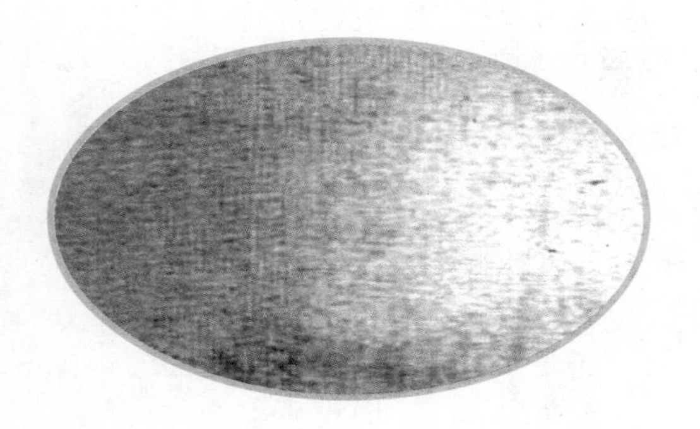

白影

即西卡蒙水波。产于欧洲。色泽白皙光洁， 呈现光水影的效果。

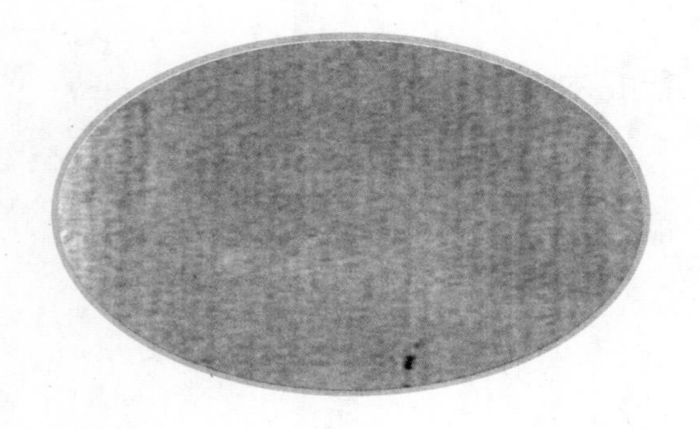

白榉

材质精练，颜色轻淡，纹理清晰，装饰效果清新淡雅。

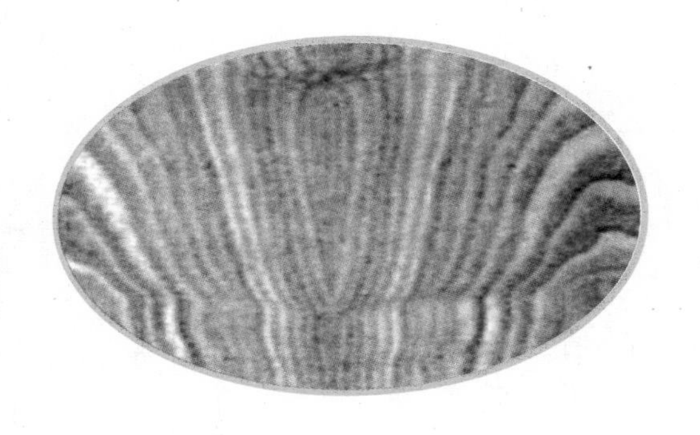

水曲柳

产于美洲与大陆东北长白山之高级木材。花纹漂亮，直纹纹路浅直，山纹颜色清爽，装饰效果自然。

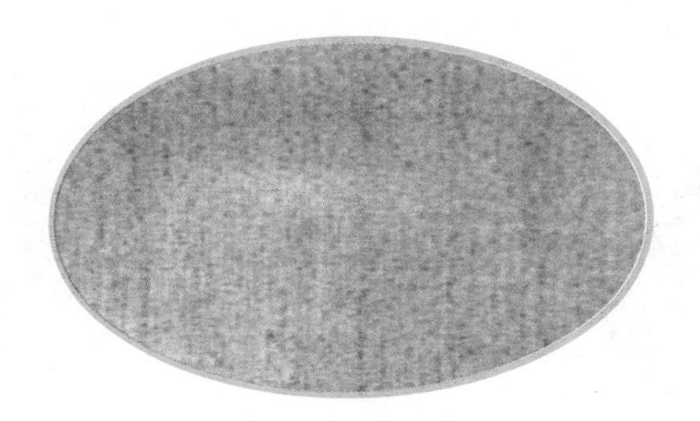

红榉

属于欧洲精品材。颜色鲜艳，纹理细洁，装饰效果亮丽温馨柔和。

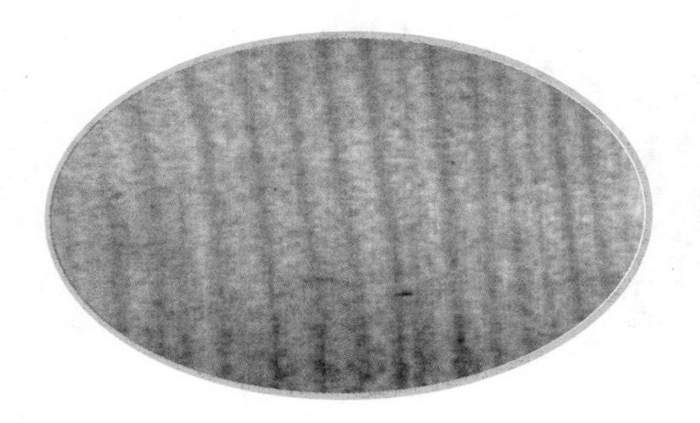

白胡桃

色泽略浅，纹理具厚实感。居家装饰呈现浓厚归属感。

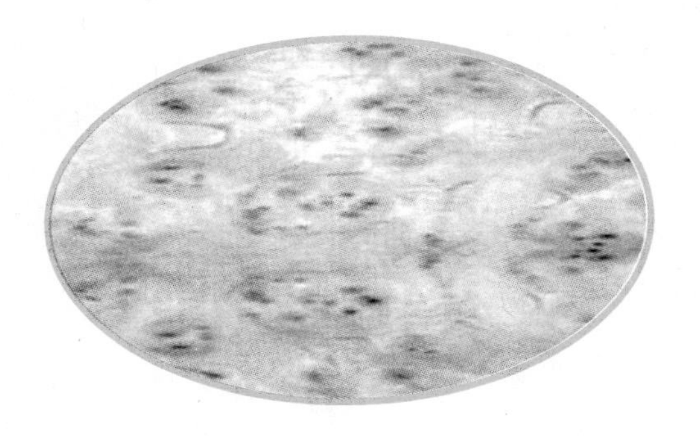

风影

色泽白皙光亮，图形变化万千，纹理细密，有如孔雀开屏。

二、天然石饰面板

主要有大理石、花岗石、青石板、蘑菇石等。要求棱角方正、表面平整、石质细密、光泽度好，不得有裂纹、色斑、风化等隐伤。

五彩缤纷的大理石、花岗石

火烧石

剁斧石

机刨石

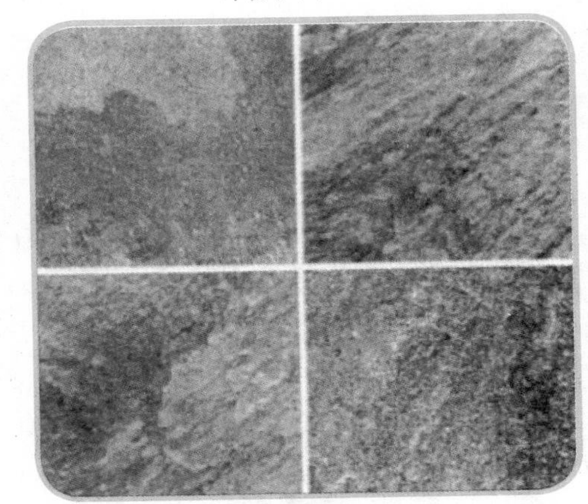
板岩

蘑菇石

文化石

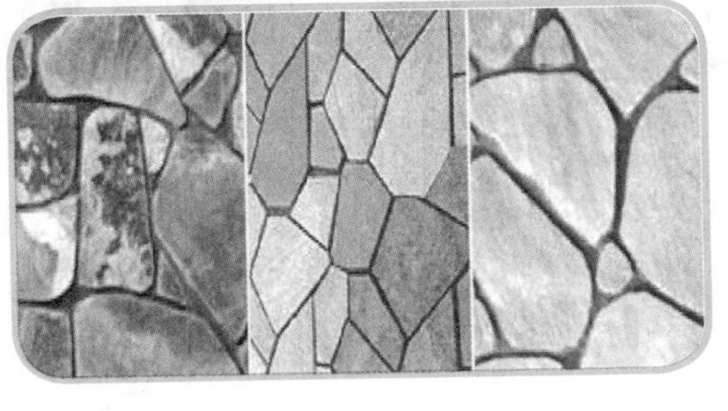
网粘石

三、人造石饰面板

主要有预制水磨石板、人造大理石板、人造石英石板。要求几何尺寸准确、表面平整光滑、石粒均匀、色彩协调，无气孔、裂纹、刻痕和露筋等现象。

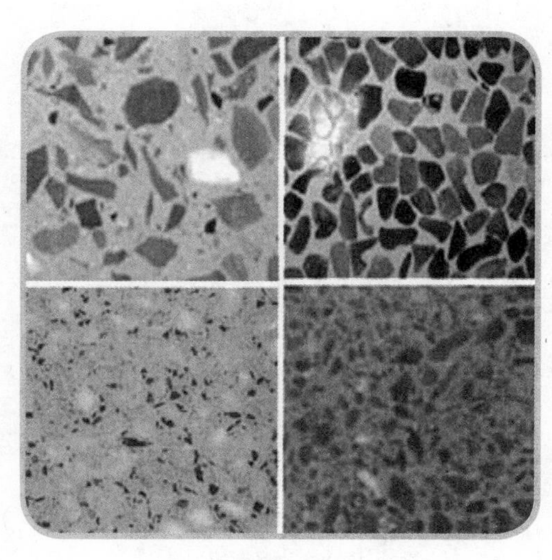

不发火防静电水磨石板

人造石英石台面　　人造石英石马赛克

人造石英石是由 90% 的天然石英和 10% 的矿物颜料、树脂和其他添加剂经高温、高压、高振方法加工而成。广泛用于地面、墙面及厨房、实验室、窗台及吧台的台面。

仿真大理石

人造大理石是以不饱和聚酯为黏结剂，与石英砂、大理石、方解石粉等搅拌混合、浇铸成型，经脱模、烘干、抛光等工序而制成。

四、金属饰面板

主要有彩色铝合金饰面板、彩色涂层镀锌钢饰面板和不锈钢饰面板三大类。具有自重轻、安装简便、耐候性好的特点，可使建筑物的外观色彩鲜艳、线条清晰、庄重典雅。

不锈钢钛金板

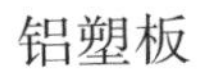

铝塑板

不锈钢镜面板

不锈钢防滑板

不锈钢蚀刻板

五、塑料饰面板

主要有聚氯乙烯塑料板（PVC）、三聚氰胺塑料板、塑料贴面复合板、有机玻璃饰面板。特点：板面光滑、色彩鲜艳、硬度大、耐磨耐腐蚀、防水、吸水性小，应用范围广。

聚氯乙烯塑料板（PVC）

三聚氰胺塑料板

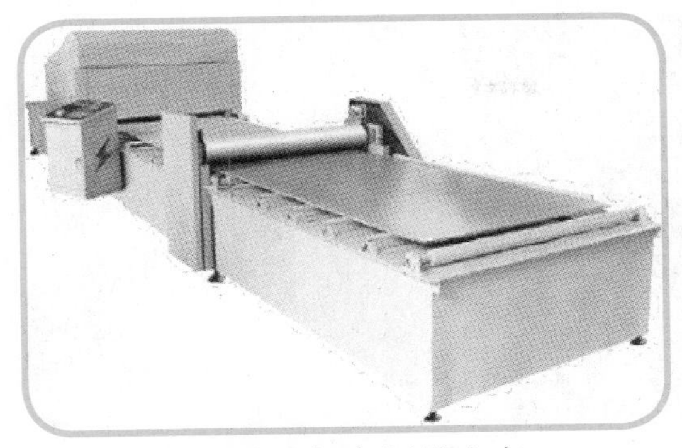

塑料贴面复合板的生产

有机玻璃饰面板

六、饰面砖

饰面砖是以黏土、石英砂等材料，经研磨、混合、压制、施釉、烧结而形成的瓷质或石质装饰材料，统称为瓷砖。按品种可分为：釉面砖、通体砖、抛光砖、玻化砖、陶瓷锦砖（马赛克）等。要求表面光洁、色彩一致，不得有暗痕和裂纹，吸水率不大于10%。

瓷制釉面砖

瓷土烧制而成，背面呈灰白色，强度较高，吸水率较低。

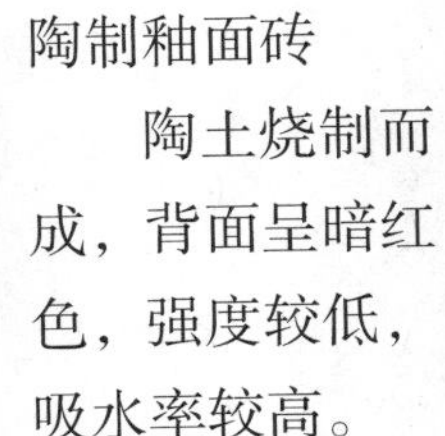

陶制釉面砖

陶土烧制而成，背面呈暗红色，强度较低，吸水率较高。

金属釉面砖

抛光砖

抛光砖是通体砖的表面经打磨、抛光的一种光亮的砖，坚硬耐磨，适合在除洗手间、厨房以外的多数室内空间中使用。

玻化砖

玻化砖是经打磨但不抛光，表面如镜面一样光滑透亮，其吸水率、边直度、弯曲强度、耐酸碱性等方面都优于普通釉面砖、抛光砖及大理石。缺陷是灰尘、油污等容易渗入。适用于客厅、卧室的地面及走道等。

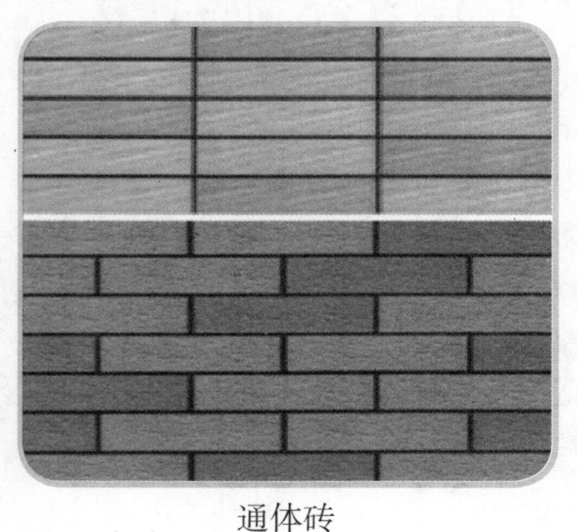

通体砖

通体砖的表面不上釉，正面和反面的材质和色泽一致，通体砖比较耐磨，但其花色比不上釉面砖。适用于室外墙面及厅堂、过道和室外走道等地面。

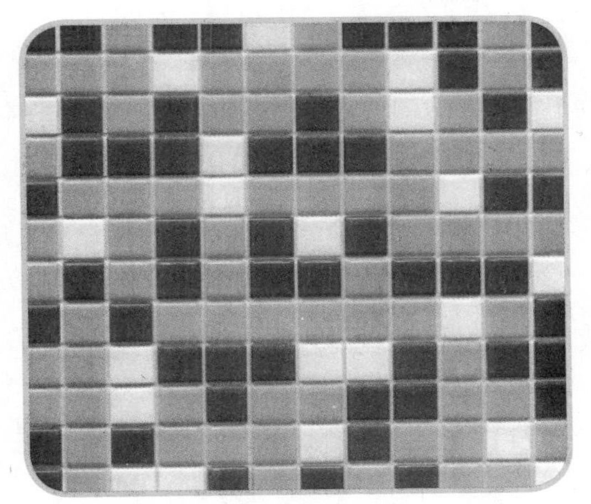

马赛克

马赛克是由数十块小块的砖组成一个相对的大砖。主要有陶瓷马赛克、玻璃马赛克。适用于室内小面积地、墙面和室外墙面。

第二节　常用胶黏剂

白乳胶

是聚醋酸乙烯酯胶黏剂的一种。是一种乳化高分子聚合物。是一类无毒无味、无腐蚀、无污染的水性胶黏剂。

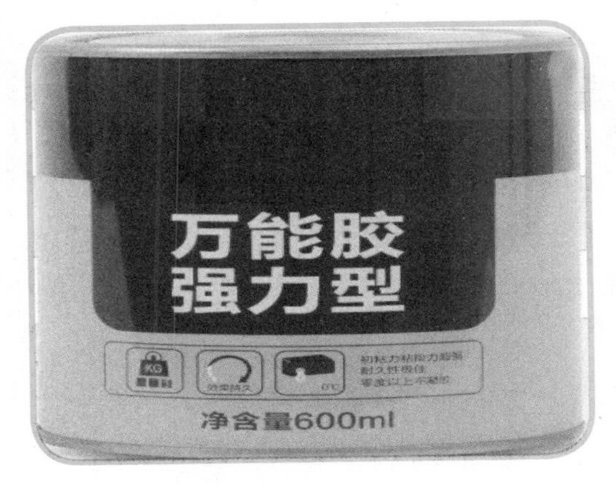

强力型万能胶

属于橡胶胶黏剂的一种，有良好的耐燃、耐臭氧和耐大气老化性能，并且具有耐油性、耐溶剂和化学剂等性能，广泛用于极性材料和非极性材料的胶黏剂，是一种重要的非结构胶黏剂。

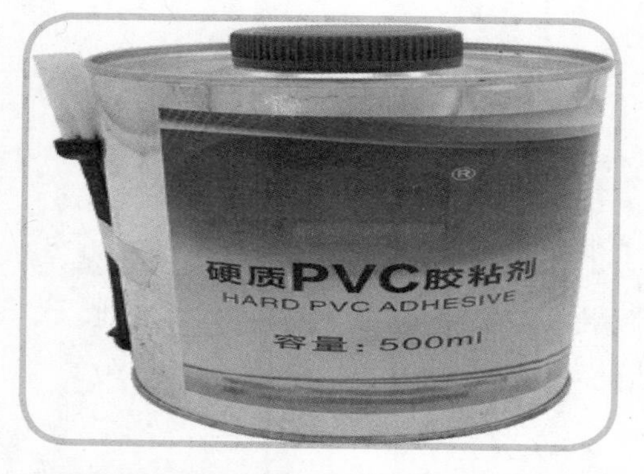

硬质 PVC 胶黏剂

具有防霉、防潮性能，使用胶黏各种硬质塑料管、板材，具有胶黏强度高，耐湿热性、抗冻性、耐介质性好，干燥速度快，施工方便等特点。

粉末壁纸胶

又叫壁纸胶粉或墙纸粉，主要分为纤维素和淀粉两类。主要适用于水泥、抹灰、石膏板、木板墙面胶黏壁纸时使用。

瓷砖胶黏剂

主要用于粘贴瓷砖、面砖、地砖等装饰材料，广泛适用于内外墙面、地面、浴室、厨房等建筑的饰面装饰场所。

硅酮玻璃胶

主要用于金属、玻璃、陶瓷等材料的胶黏，也可用于卫生洁具与墙体缝隙的填充，其范围应用相当广泛。

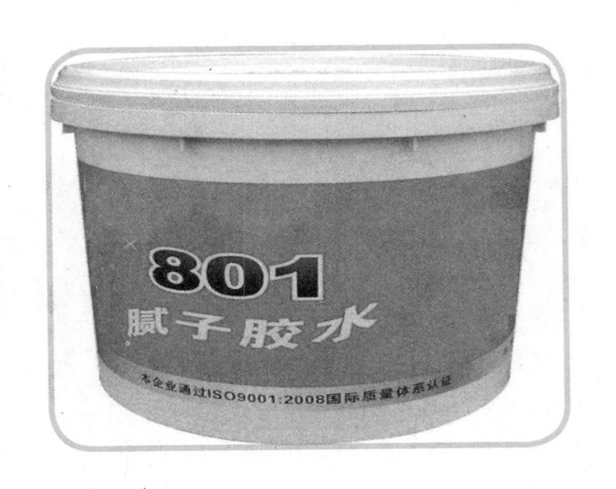

801 腻子胶水

是聚乙烯醇缩甲醛胶黏剂中的一种，具有毒性小、无味、不燃等优势，施工中无刺激性气味。用于壁纸、瓷砖以及水泥制品的胶黏剂。

第三节　饰面板（砖）施工

一、施工方法

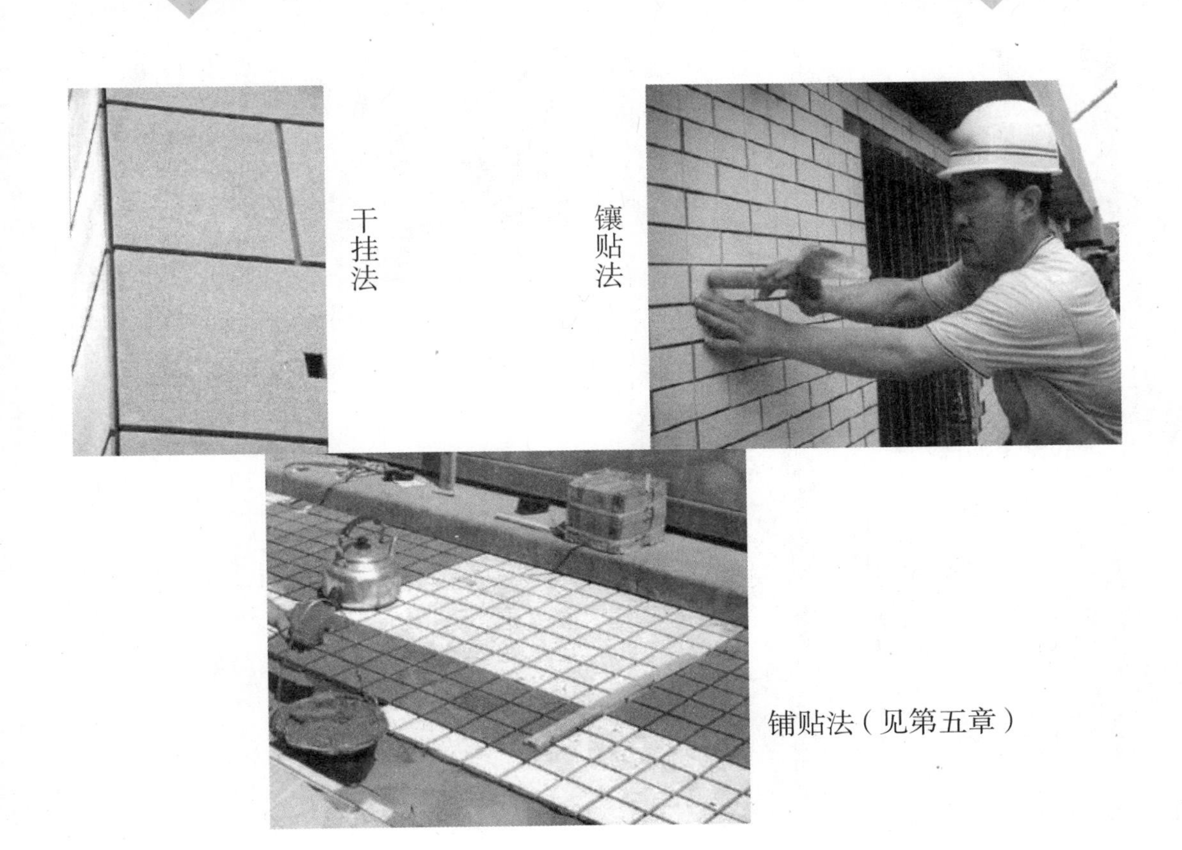

干挂法

镶贴法

铺贴法（见第五章）

干挂法

1. 量定位置，墙上打孔。

2. 用锤子把膨胀螺钉敲进先前量定打好的孔中。

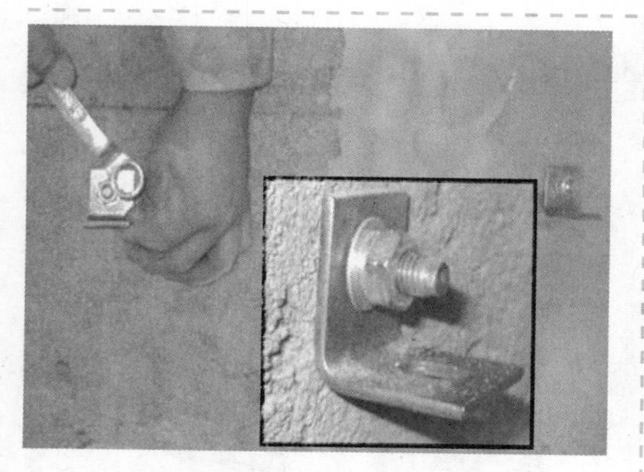

3. 在打好的膨胀螺钉上装上扣件。

4. 膨胀螺钉的距离要视大理石的大小而定。

5. 将大理石靠到扣件上，先前抹上的少许云石胶便沾到了大理石上，该位置便是开槽的位置。

6. 在沾到云石胶的位置开槽。

7. 开好槽后在此抹上大量的云石胶。

8. 在扣件上抹上大量的胶水，并固定大理石。

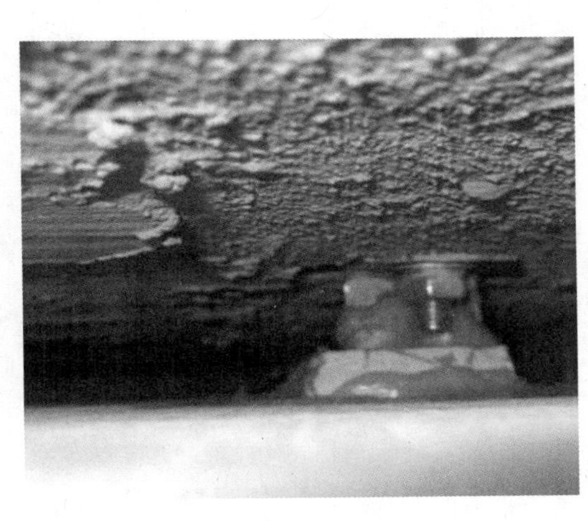

9. 吊水平。

镶贴法

（一）施工原则

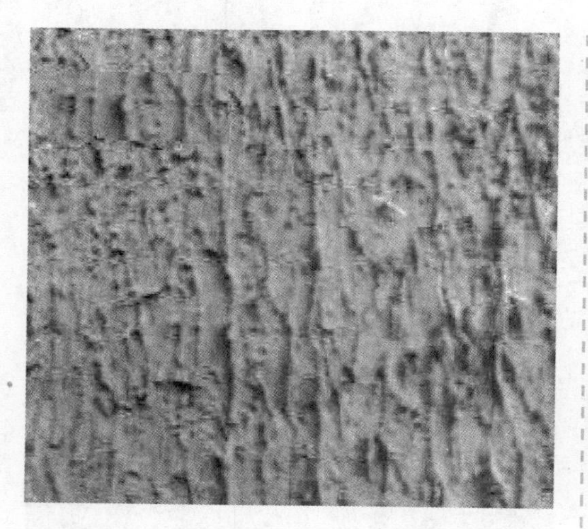

1. 墙砖贴得是否牢固，墙面很关键，墙面比较平整，倒不利于贴墙砖。

2. 为了把砖贴得横平竖直，要在墙面上弹一条水平线。

3. 沿着水平线，放置一个托板，可以防止刚贴的砖滑落。

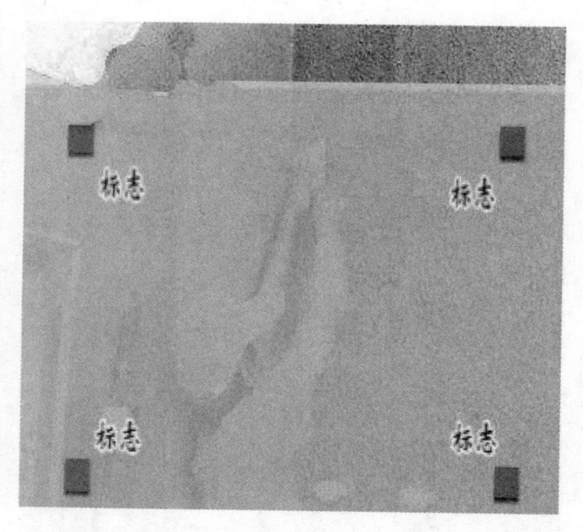

4. 开贴前，要在一板墙上贴四块砖饼，有了这个标志，整板墙的砖才会贴得平整。

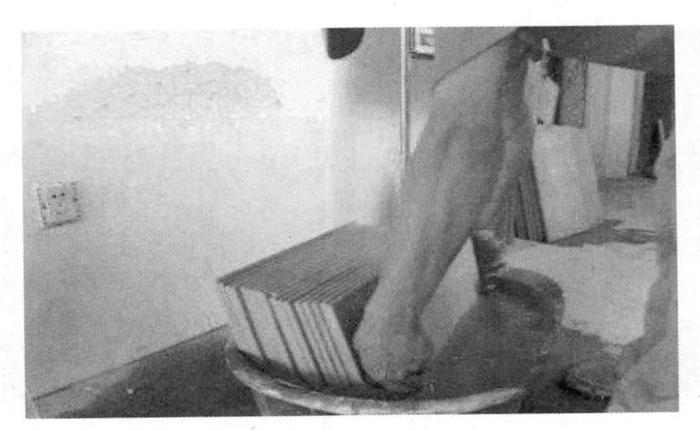

5. 墙砖在贴以前，一定要泡水。

（二）施工步骤

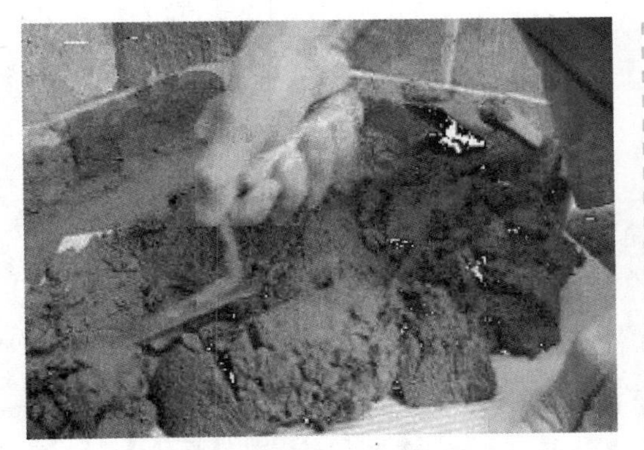

1. 在泡好的瓷砖上满批水泥，要饱满。

2. 把满批水泥的砖沿托板贴上墙，用橡皮锤敲打。

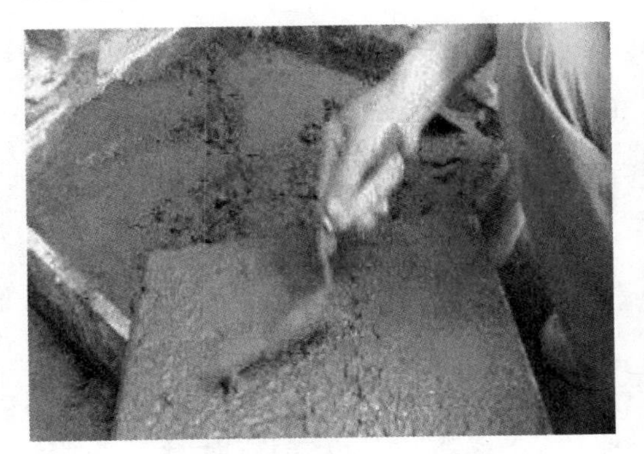

3. 敲平后拿下来，把没有饱满的地方填满，再撒上素水泥（纯水泥），再次贴上墙，贴平，用橡皮锤敲结实。

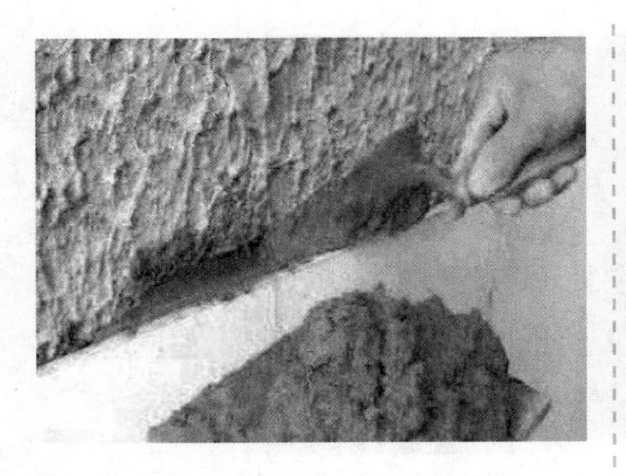

4. 由于水泥总要下滑，贴好后，还要用砂浆再次填满。

5. 为了把墙砖（砖缝整齐）贴得平整、规矩，在贴的过程中，要用牙签或细铁钉插入砖缝，等到水泥凝固后，再取出来。

（三）施工检查

1. 检查墙角是否平整。

2. 检查阳角是否直角。

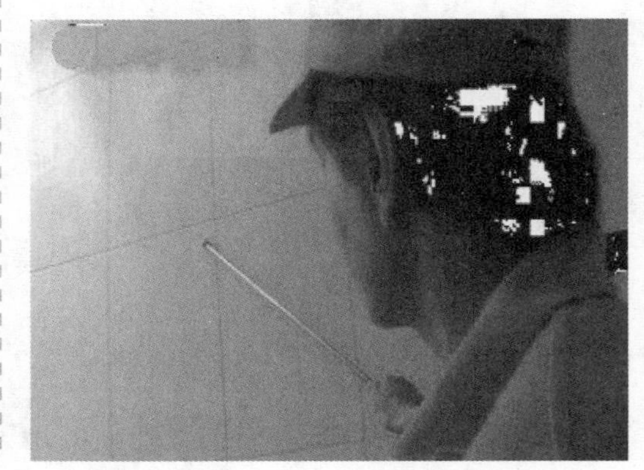

3. 检查墙砖是否有空鼓现象。

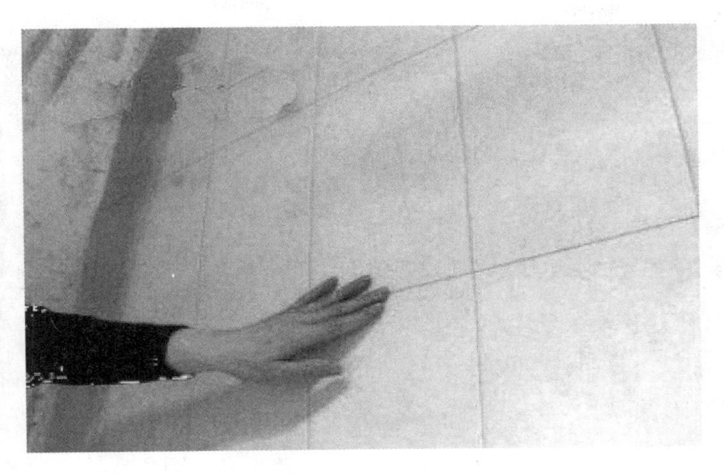

4. 检查墙砖是否平整。

二、铝塑板的安装施工

龙骨支架铺设

龙骨（铝方管）的锚固

铝塑板安装

撕保护膜

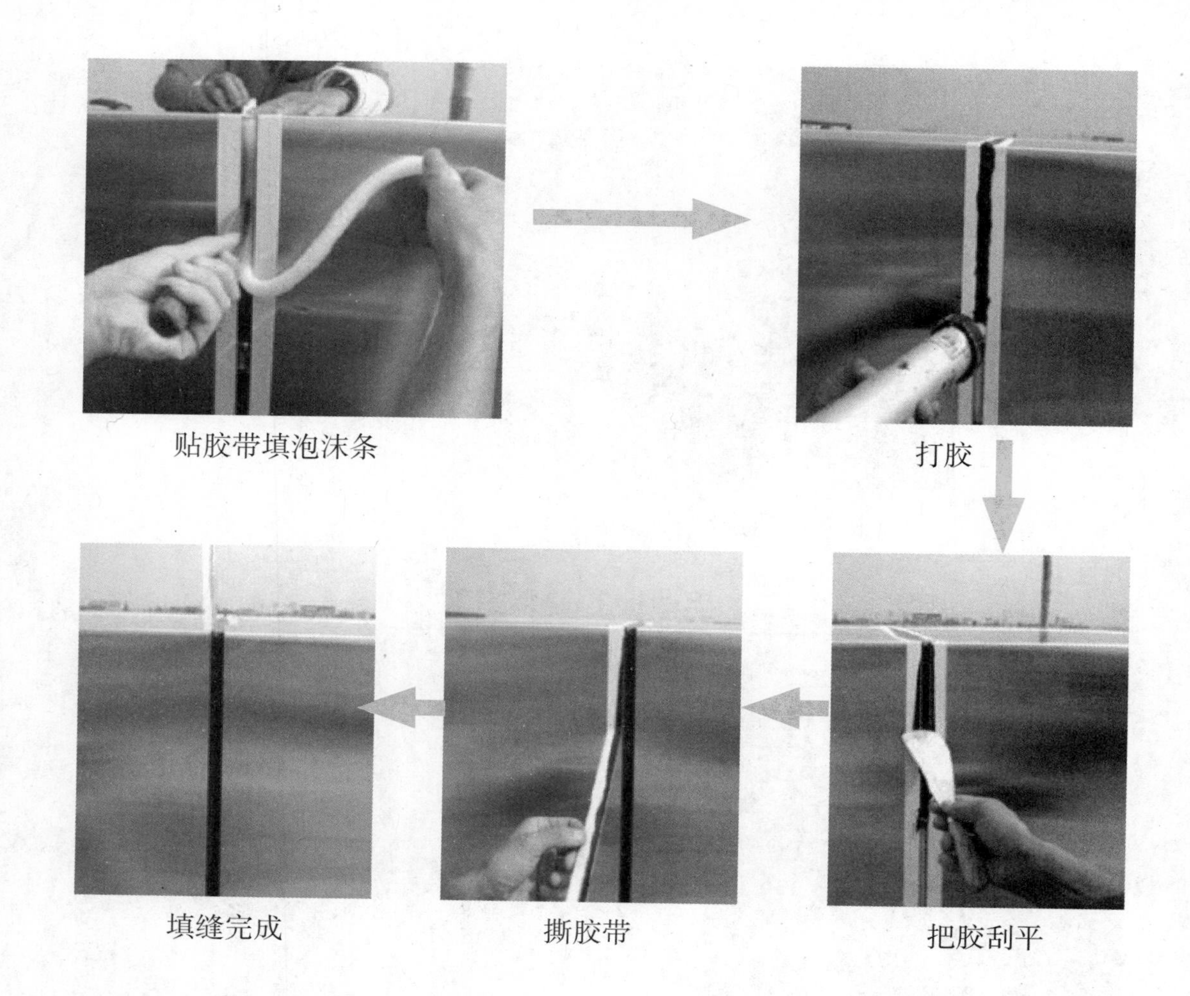
贴胶带填泡沫条　打胶　把胶刮平　撕胶带　填缝完成

第四节　花饰施工工程

花饰工程包括花格和花饰构件两部分。

花格常用于分割室内和室外空间，能够增加环境的层次感，丰富室内视觉空间，起到导向人流的作用。花格常与隔断组合在一起使用。

一、花格种类

水泥花格

金属花格

竹木花格

玻璃花格

二、花格样式

冰裂格

工字

海棠格

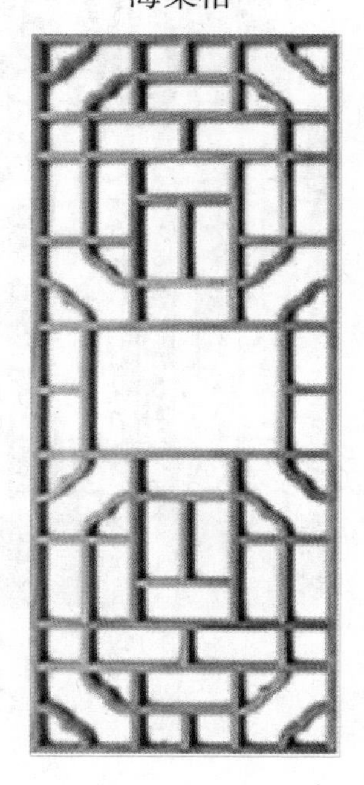

步步高

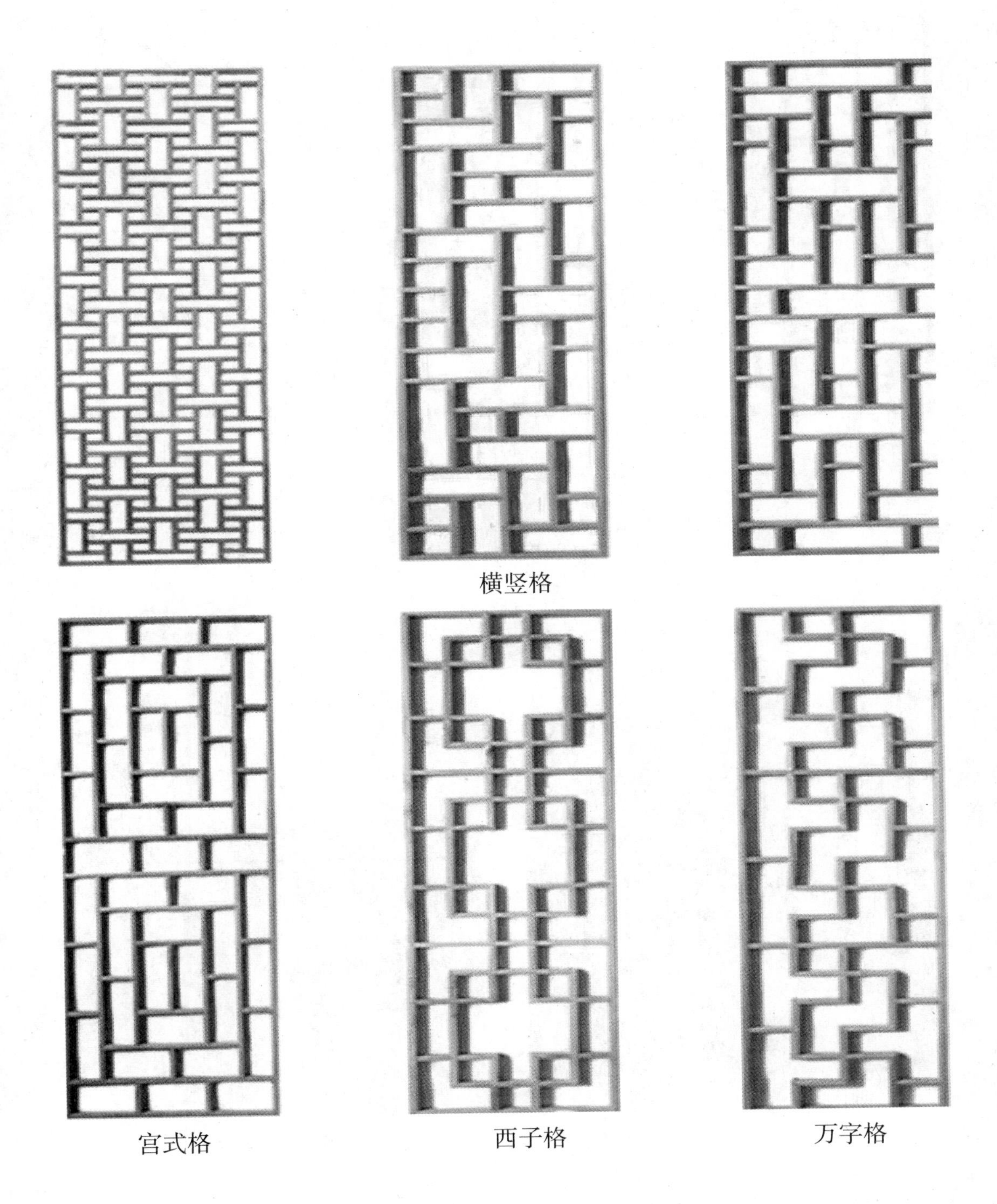

横竖格

宫式格　西子格　万字格

福字格

斜万字

斜风车

三、花格制作方法

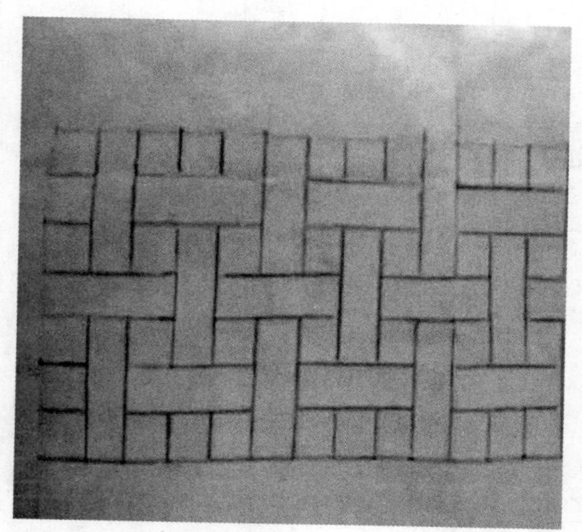

1. 画图。

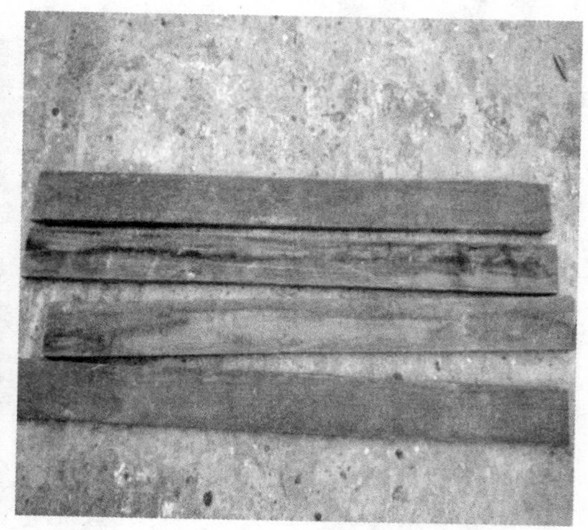

2. 选料。

3. 刨面。

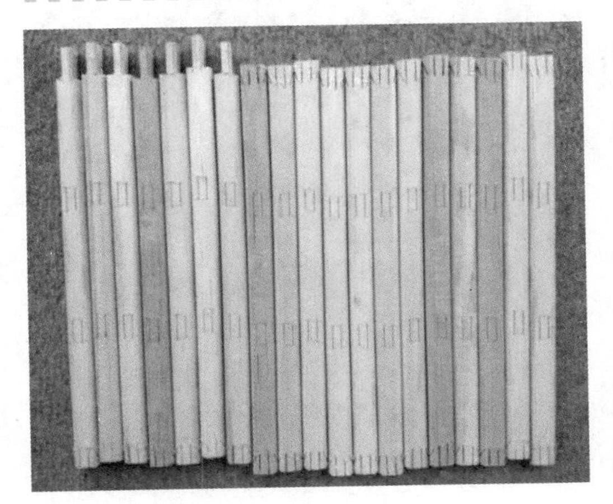

4. 画线。

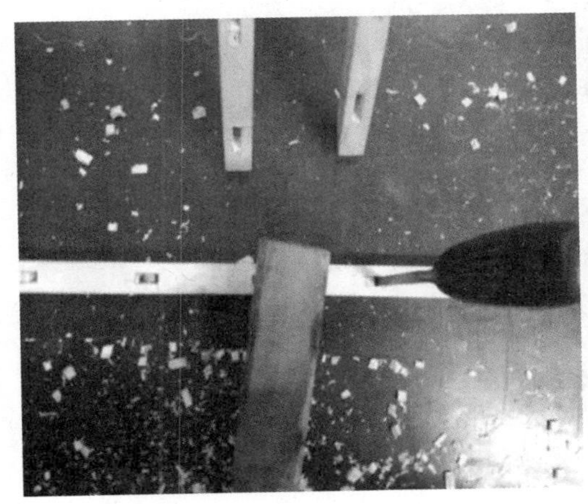

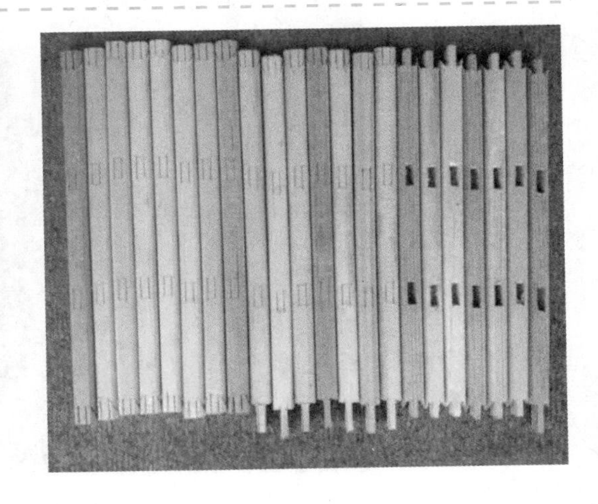

5. 开榫。

6. 拼装。

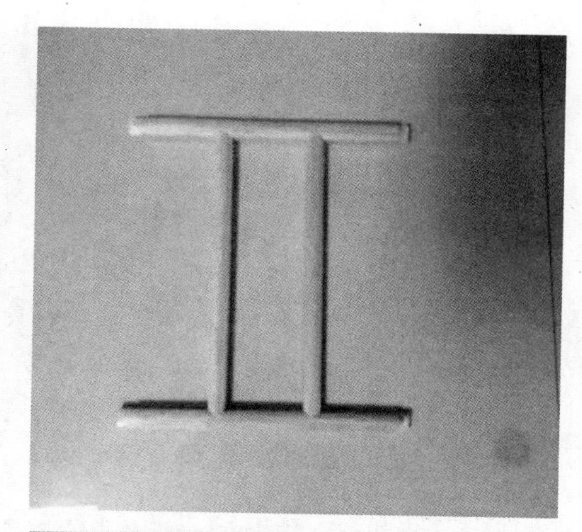

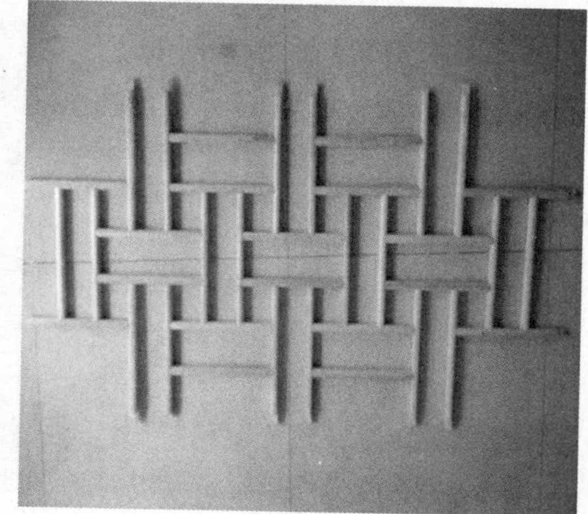
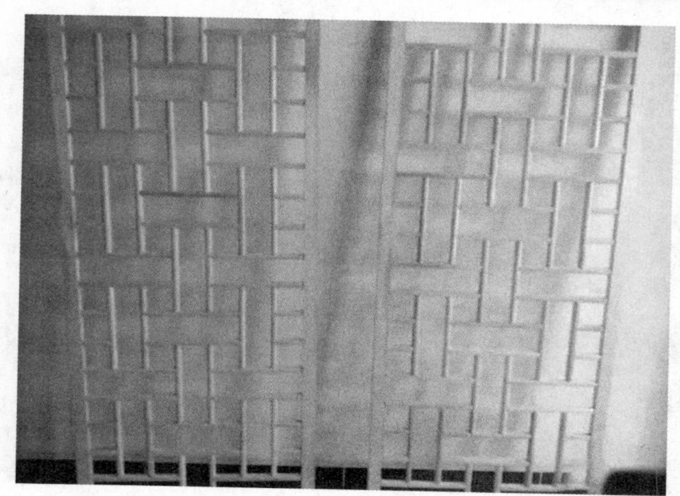

四、花格安装

1. 固定。

2. 打胶。

3. 完毕。

第五章　楼地面装饰施工

第一节　瓷砖种类

通体砖

是一种不上釉的瓷质砖，而且正面和反面的材质和色泽一致，有很好的防滑性和耐磨性,但其花色比不上釉面砖。适用范围被广泛使用于厅堂、过道和室外走道等地面，一般较少使用于墙面。

抛光砖

是通体砖经过打磨抛光后而成的砖。这种砖的硬度很高，非常耐磨。在运用渗花技术的基础上，抛光砖可以做出各种仿石、仿木效果。适用范围除卫生间、厨房外，其余多数室内空间都可使用。

釉面砖

是砖的表面经过烧釉处理的砖。釉面砖比抛光砖色彩和图案丰富，同时起到防污的作用。但因为釉面砖表面是釉料，所以，耐磨性不如抛光砖。适用范围：厨房应该选用亮光釉面砖，不宜用亚光釉面砖，因油渍进入砖面之中很难清理。还适用于卫生间阳台等。

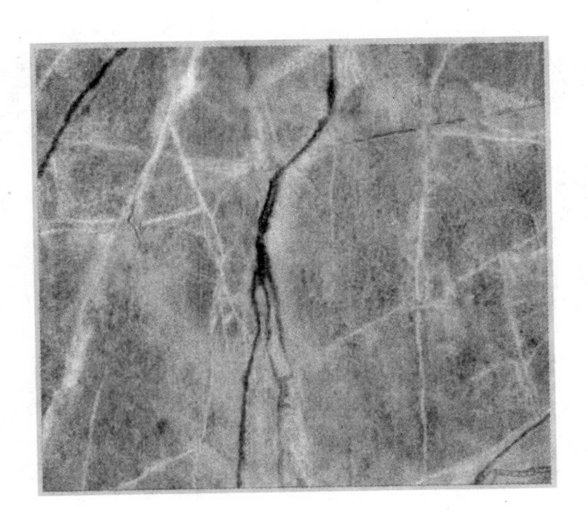

玻化砖

在吸水率、边直度、弯曲强度、耐酸碱性等方面都优于普通釉面砖、抛光砖及一般的大理石。它的缺陷是经过打磨后，毛气孔暴露在外，灰尘、油污等容易渗入。适用于客厅、卧室、走道等。

马赛克

一般由数十块小块的砖组成一个相对的大砖。耐酸、耐碱、耐磨、不渗水，抗压力强，不易破碎。它以小巧玲珑、色彩斑斓被广泛使用于室内小面积地、墙面和室外墙面和地面。

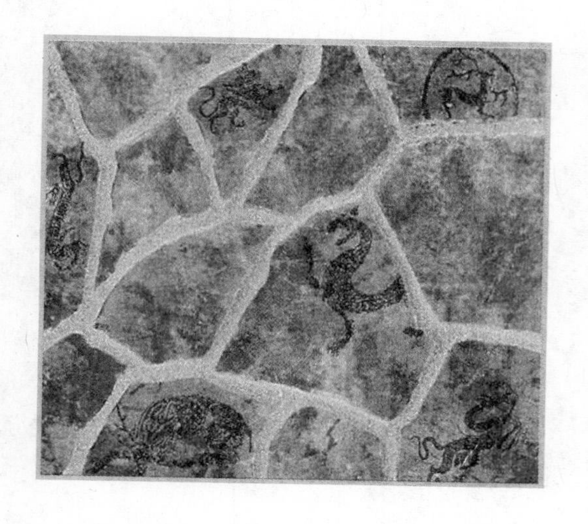

仿古砖

是从国外引进的，实质上是上釉的瓷质砖。仿古砖属于普通瓷砖，与磁片基本是相同的，所谓仿古，指的是砖的效果，应该叫仿古效果的瓷砖。

全抛釉瓷砖

是一种可以在釉面进行抛光工序的一种特殊配方釉，它是施于仿古砖的最后一道釉料，目前一般为透明面釉或透明凸状花釉，施于全抛釉的全抛釉砖集抛光砖与仿古砖优点于一体的，釉面如抛光砖般光滑亮洁。同时，其釉面花色如仿古砖般图案丰富，色彩厚重或绚丽。

微晶石瓷砖

在行内称为微晶玻璃陶瓷复合板，是将一层 3 ~ 5mm 的微晶玻璃复合在陶瓷玻化石的表面，经二次烧结后完全融为一体的高科技产品，微晶石与其他瓷砖产品的最大区别就在于表面多了一层微晶玻璃。

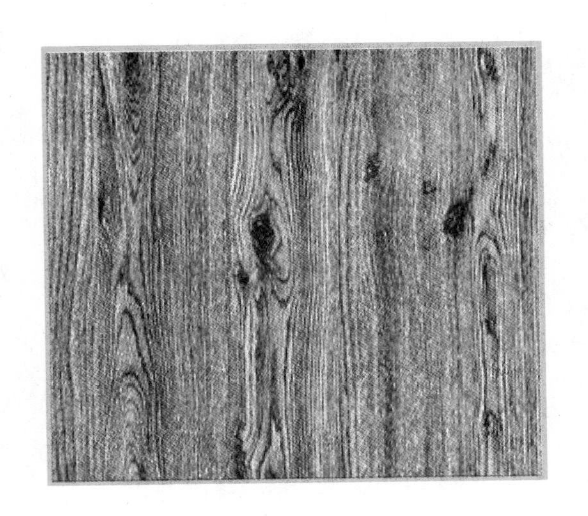

木纹砖

是一种表面呈现木纹装饰图案的新型环保建材。使用寿命长，耐磨度高，无须经常保养，阳台户外都可使用。

皮纹 / 布纹砖

整体空间柔软细腻，显现空间质感，凸显空间张力，适用于大面积的居室。

拼花瓷砖

花样巧妙拼贴，增加空间层次感，营造多层次立体空间。

大理石瓷砖

具有高耐磨性、高光洁度，防水防腐，亮丽大方的大理石砖常用于家居、宾馆、酒楼、地铁站及机场、车站、码头等人口密集的地面、墙壁装饰。

石英砖

吸水率最低，防潮能力好，浴室首选凹凸起伏大。

金刚釉瓷砖

吸水性好，防滑效果佳，花色少，尺寸小，价格贵。

第二节　大理石瓷砖样式和效果图

印度雨林啡

印度雨林啡图案如龟裂的岩石般，极具个性与艺术美感。一条条浑然天成的纹理凹凸分明，述说着大地无限的热情与豪迈。适用于背景墙、墙面、地面。

西班牙深啡网

西班牙深啡网完全克隆了西班牙深啡网的特征纹理，深咖啡色中镶嵌着浅白色的网状花纹，让粗犷的线条有了更细腻的感觉，极具装饰效果。适用于墙面、地面。

土耳其浅啡网

土耳其浅啡网，白色和不规则线条分布在表面，形成行云流水般的浅啡网纹，独特的网纹效果让土耳其浅啡网成为当之无愧的经典石材之一。适用于墙面、地面。

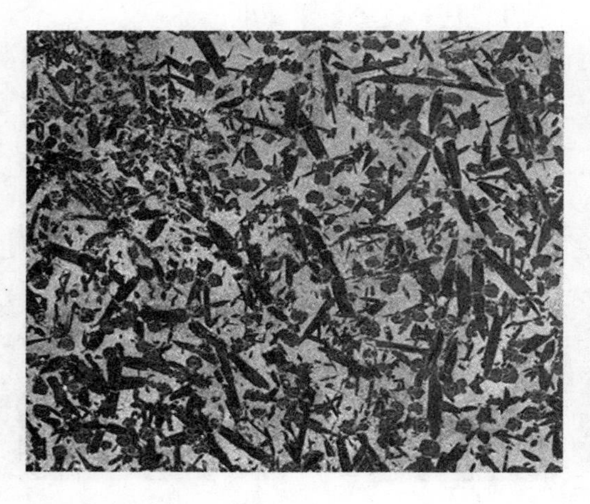

意大利夜玫瑰

意大利夜玫瑰源色彩丰富绚丽，画面细腻逼真，图案效果更接近于自然天成。此产品形色流动，神秘浪漫，鲜红欲滴的花瓣层次分明。适用于背景墙、墙面、地面。

土耳其卡布奇诺

土耳其卡布奇诺产品表面光泽柔美，极具层次感和立体感。浅黄、浅褐、深黄、深褐相交而成，色彩柔和，自然逼真，纹理细腻更胜于天然卡布奇诺。咖啡质感的流动，尽显温馨和浪漫。适用于墙面、地面。

印度雨林绿

印度雨林绿可用于中式、现代风格中。雨林绿是一种大自然的不可复制的纹理及色彩变化，有种回归大自然的感觉。勾起了人们对阳光、空气和水等自然环境的强烈回归意味。

意大利宝石蓝

意大利宝石蓝拥有天然宝石蓝的高贵纹理，还有瓷砖的优越性能。流动的线条，蓝宝石般高贵的纹理，闪烁迷人。适用于墙面、地面。

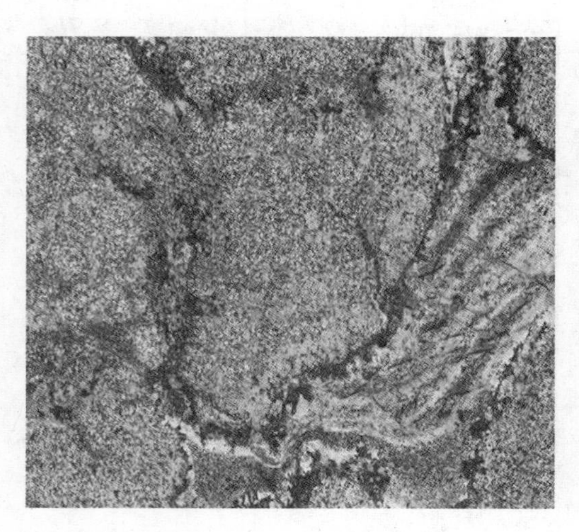

巴西景泰蓝

大理石瓷砖的景泰蓝完全克隆了巴西景泰蓝的纯正纹理，黑色线条与深蓝色斑点让产品纹理更加逼真。适用于墙面、地面。

法国鎏金

法国鎏金产品纹理独特，给人以视觉冲击，属稀有矿产资源大理石品种，色彩饱满，恰似诱人的香槟，值得品味。适用于墙面、地面。

土耳其金啡洞

土耳其金啡洞产品纹理以金黄色渐变为特色，属稀有矿产资源大理石品种，凹凸小坑手感细腻，立体的视觉震撼，使得整个空间充满着强烈的文化和历史韵味。适用于地面、墙面。

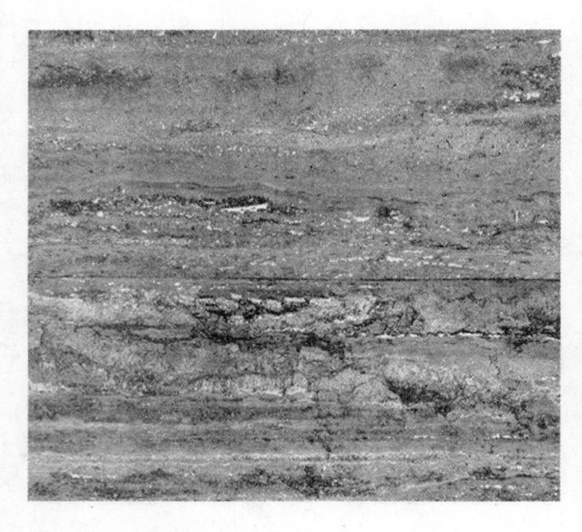

意大利黄洞石

意大利黄洞石拥有天然意大利黄洞石的高贵纹理，还有瓷砖的优越性能；浅褐深褐交融共存，不同浓淡层次分明；黄色的泥质线上游离着点点白光，是使用最广最经典的产品之一。适用于地面、墙面。

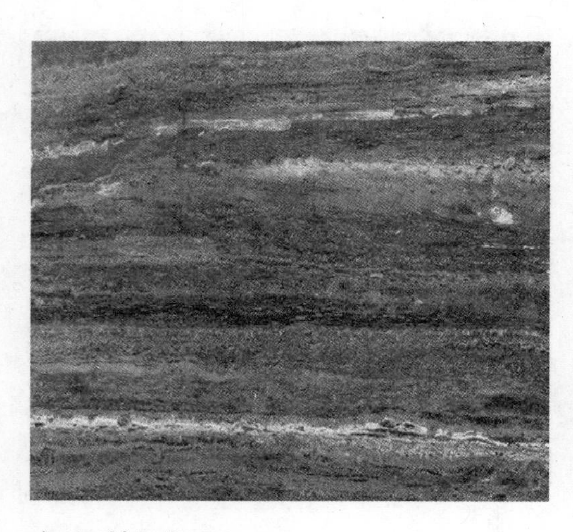

意大利红洞石

意大利红洞石拥有天然意大利红洞石的高贵纹理，还有瓷砖的优越性能，黄色的泥质线，褐色的泥质带，图案效果更接近于自然天成，装饰效果更具强烈的文化和历史韵味。适用于墙面、地面。

土耳其冰川世纪

土耳其冰川世纪浅黄底色与白色、浅褐组成逼真柔和且极富层次感的线条纹理，完美呈现极地冰川的流动质感，如月光下的冰山般轻盈通透又独具史诗般的厚重。适用于墙面、地面。

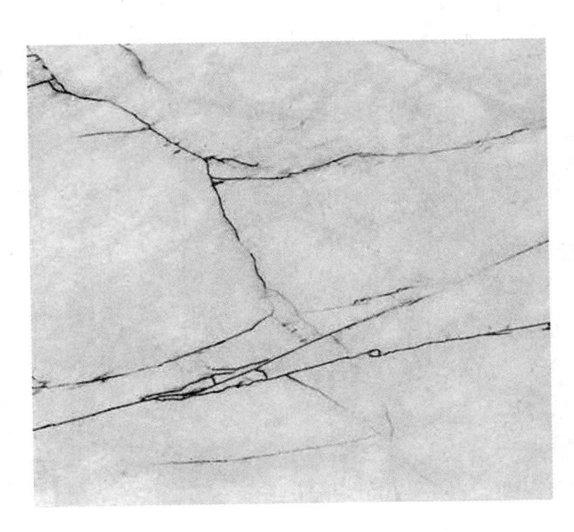
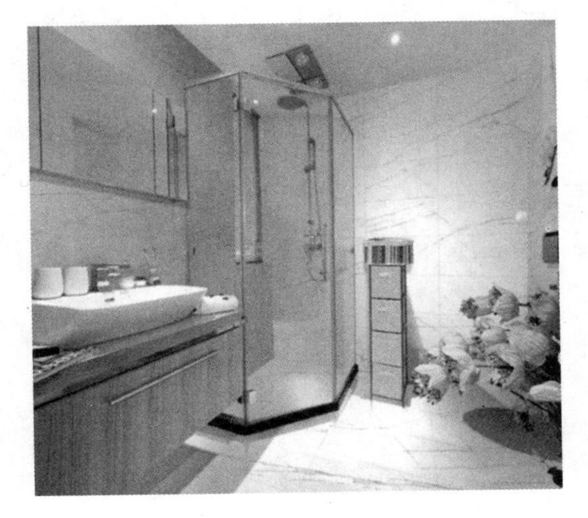

伊朗珍珠白

伊朗珍珠白冰清玉洁的世界里，飘舞着灵动的红丝带，发散出简约、含蓄之美，也给人带来简约、大气、时尚之美；适合家居及工装大面积使用。适用于墙面、地面。

意大利云灰石

纯灰底色，闪电白纹。意大利云灰石拥有天然云灰石的高贵纹理，还有瓷砖的优越性能。色彩简约，层次分明，华而不奢，静谧而灵动，是灰色系石材中的珍品。适用于背景墙、墙面、地面。

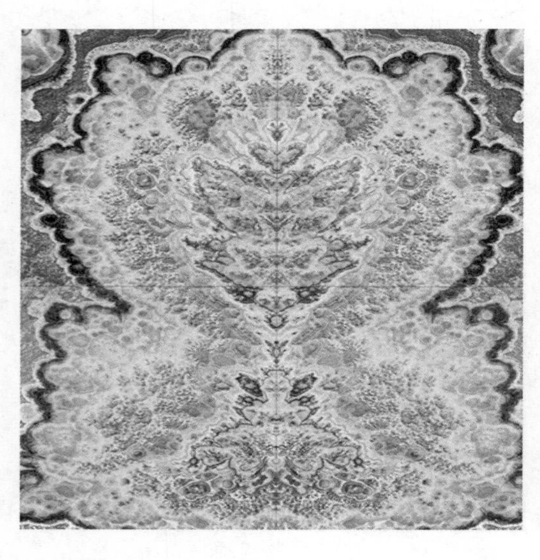

孔雀开屏

孔雀开屏，能够将每一片产品横竖不同角度铺贴应用，该画面一只只孔雀宛如一个个鲜活的生命，为忙碌的生活增加生命气息，孔雀开屏象征人们生活绚丽多姿，平步青云。

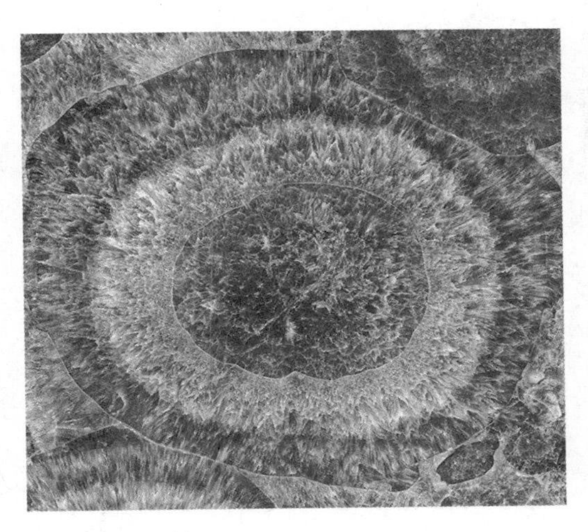

缅甸钻石棕

缅甸钻石棕拥有天然钻石棕的高贵纹理，还有瓷砖的优越性能，图案犹如晶莹剔透极具灵性的翡翠玉环，浑朴的石衣，古而不俗，华而不奢，属上品之选。适用于背景墙、墙面、地面。

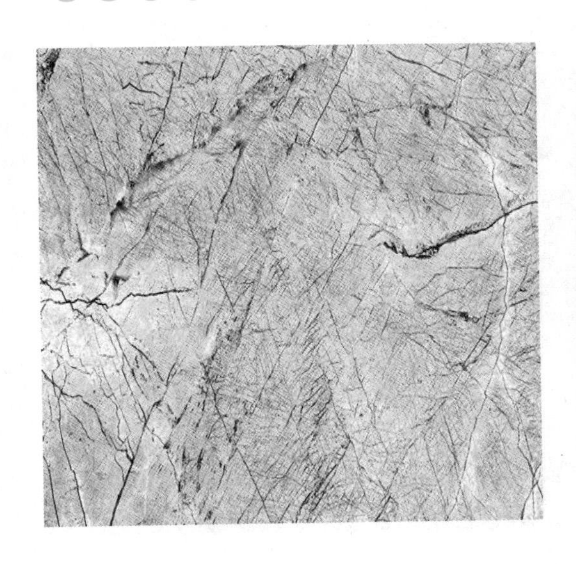

意大利鹅毛金

意大利鹅毛金拥有天然鹅毛金的高贵纹理，还有瓷砖的优越性能。各种色彩完美融合，整体金黄，浮白其间，独特而不乏精致。适用于墙面、地面。

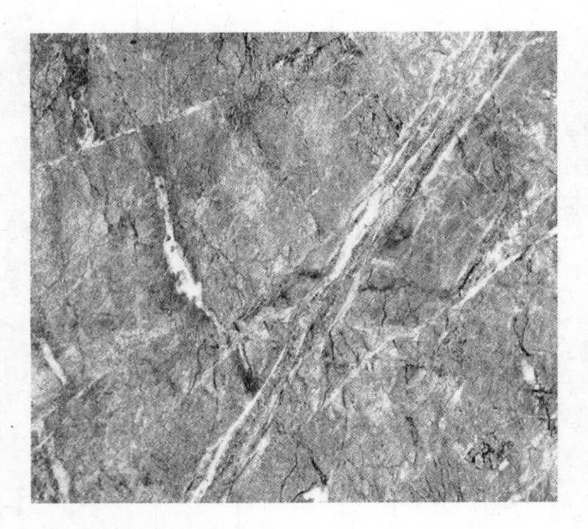

意大利帕斯高灰

意大利帕斯高灰完美地呈现石材王国意大利的灰色，纯灰色和纯白色纹理自然柔和，一如表面泛起天然的云彩，具有一种低调的奢华。适用于背景墙、墙面、地面。

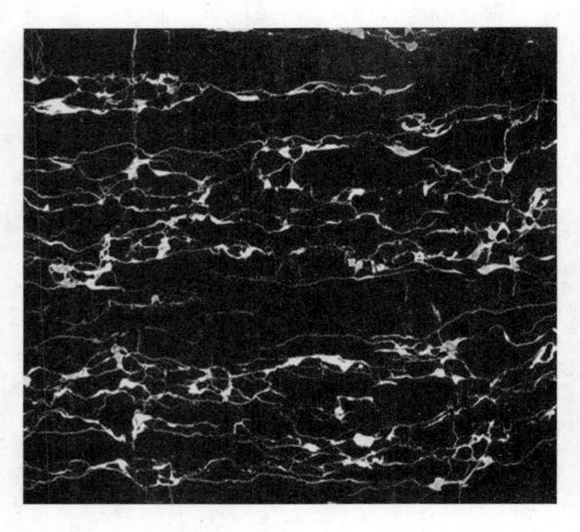

意大利黑金花

意大利黑金花以古典的黑色为底色，浮白其间，如金花般流动的线条绚丽迷人，天然黑金花近乎绝迹，黑金花大理石瓷砖只用不到一半的价格即可享受天然黑金花带来的奢华效果。适用于墙面、地面。

意大利银灰洞石

意大利银灰洞深灰色的纹理，具有天然石材的厚重感，深邃的意境营造静谧的空间，总给人精致、怀旧的印象。适用于墙面、地面。

印尼深色银杏木纹

印尼深色银杏木纹一条条浅黄的线条纵横交融，产品表面色彩清纯，属于木纹系列中的新品种石材纹理，颜色鲜艳有如新开之木，乃石材之少有品种。适用于墙面、地面。

法国木纹灰

法国木纹灰大理石瓷砖完全克隆了法国木纹灰石材纹理，将灰的内敛和达观充分展现，坦荡，充满热情，将木质的温暖与灰色的内涵完美诠释。适用于墙面、地面。

意大利灰

意大利灰，灰色加上很纯的白辅以点缀，层次分明，晶莹剔透，狂野而不凌乱，彰显出意大利顶级石材的绝代芳华，具有一种低调的奢华美感。适用于墙面、地面。

缅甸浅色银杏木纹

缅甸浅色银杏木纹色调柔和温暖，婉约清新，别具一格，让人眼前一亮。其纹理细腻逼真，质感光滑、润泽，将雅致超凡、质朴柔美的空间完美释放，属于木纹系列中的新品种石材纹理，乃石材之少有品种。适用于墙面、地面。

意大利劳伦特黑

意大利劳伦特黑拥有天然劳伦特黑的高贵纹理，还有瓷砖的优越性能，品质坚硬，黑白相间的纹理简约鲜明，为空间带来自然脱俗的高品位装饰效果。适用于墙面、地面。

西班牙西施红

西班牙西施红将错落有致的纹理溶入了柔美的殷红中，花纹均匀细致，光泽度高，将委婉的柔美大方呈现在空间里，装饰空间具有独特的奢华与柔和。适用于背景墙、墙面、地面。

伊朗索芙特

伊朗索芙特底色浅米与浅灰、深米、金黄、白等共同组成和谐的色彩图案，纹理细腻自然，金黄细线嵌入米色之中，给人温暖、舒适与高雅的感觉。适用于墙面、地面。

第三节　瓷砖与装修设计风格

法式浪漫设计风格

现代时尚设计风格

简约欧式设计风格

美式田园设计风格

白与黑设计风格

新中式设计风格

韩式小资设计风格

东南亚风情设计风格

地中海设计风格

波斯情调设计风格

第四节　瓷砖铺贴方式

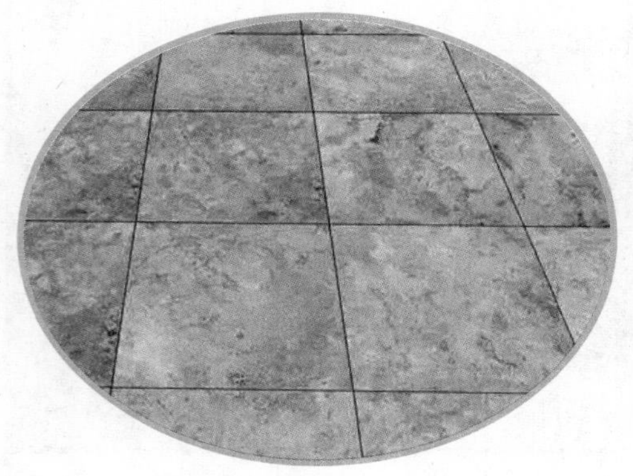

方格形

六边形

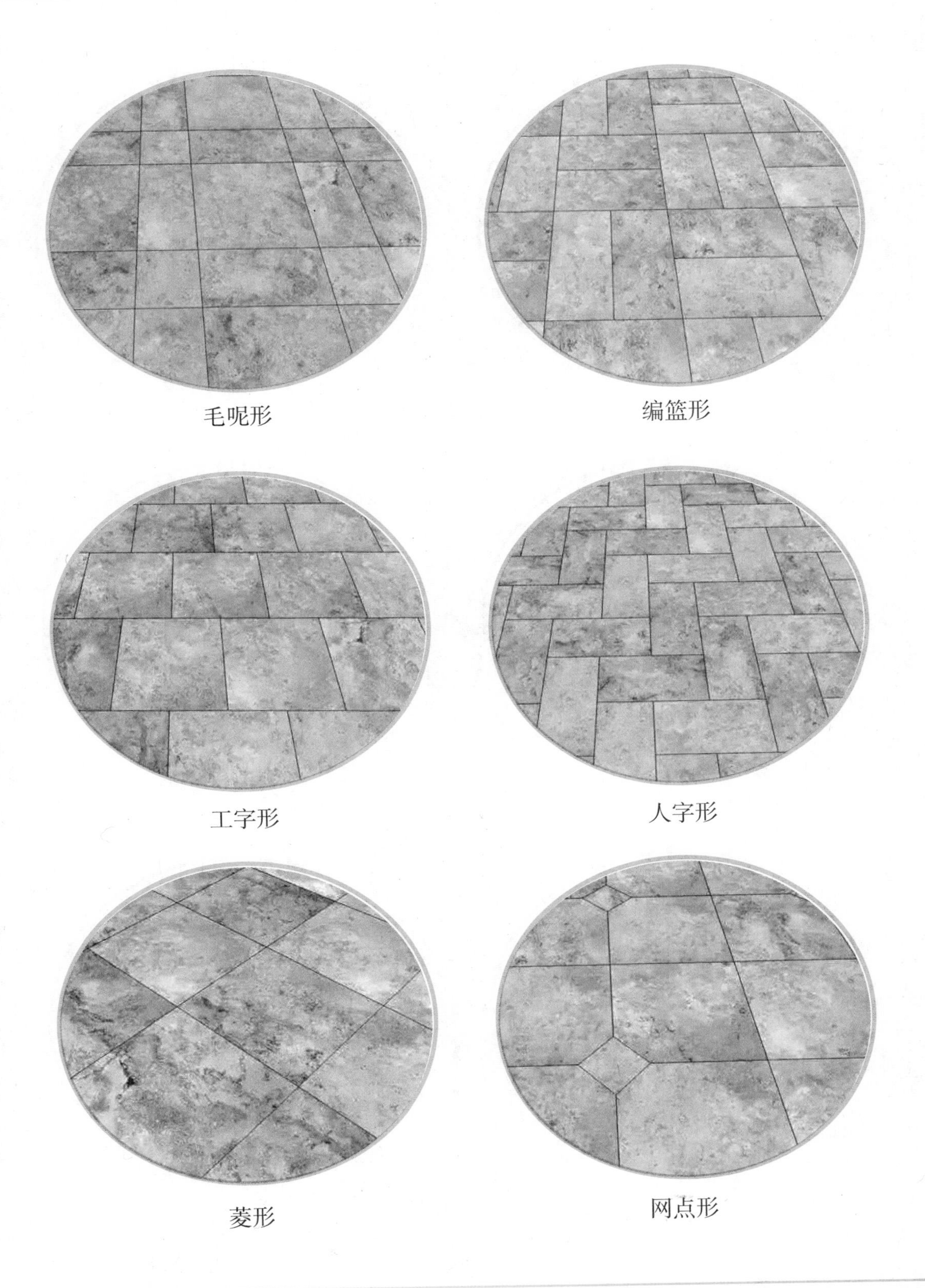

毛呢形

编篮形

工字形

人字形

菱形

网点形

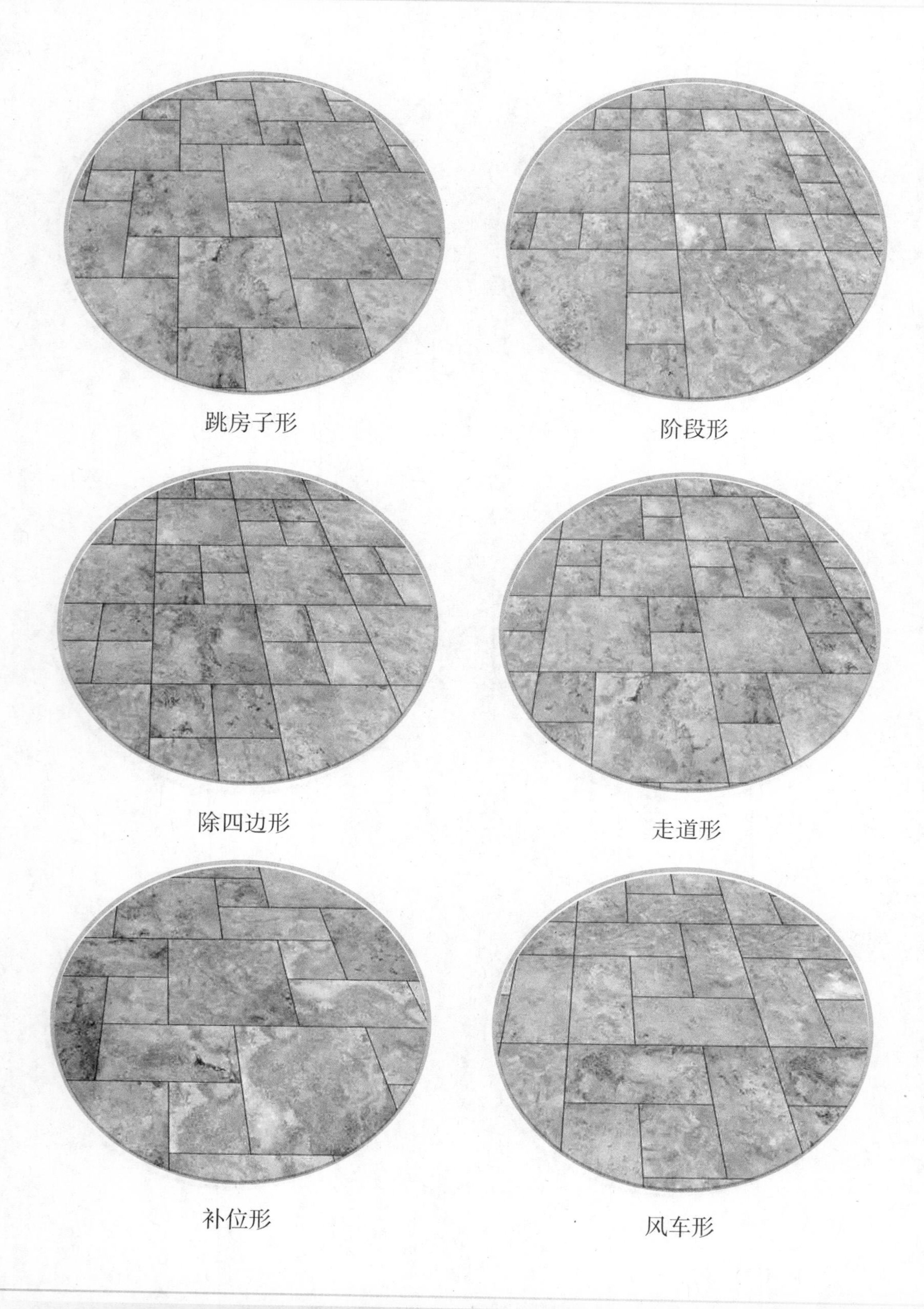

跳房子形

阶段形

除四边形

走道形

补位形

风车形

第五节　地砖铺贴流程

1. 铺贴地砖前，根据购买的地砖的尺寸和地面尺寸进行预排。预排的原则就是，同一个房间里，横向纵向半块砖不能超过一行，并且半块砖应留在将来要放家具的一边或不显眼的地方。

2. 预排规划好了，还要纵横拉两条基准线，有了基准线，才能保证这个房间的地砖贴得规矩。

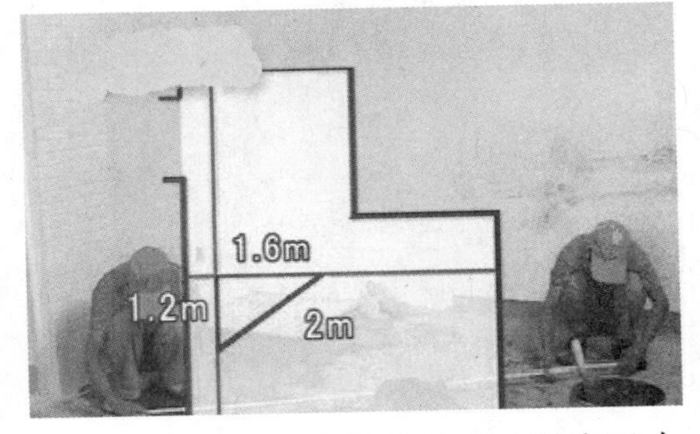

3. 检查基准线是否标准，沿交叉点量出 1.6m 点和 1.2m 点，量两点之间的距离如果是 2.0m 的话，就证明基准线是垂直的、是标准的，就可以开始贴砖。

4. 沿着这个基准线铺贴第一块基准砖，那么后面沿着基准线贴出的地砖才会横竖排垂直，不拉线或不精确的拉线，很难达到规矩的效果。

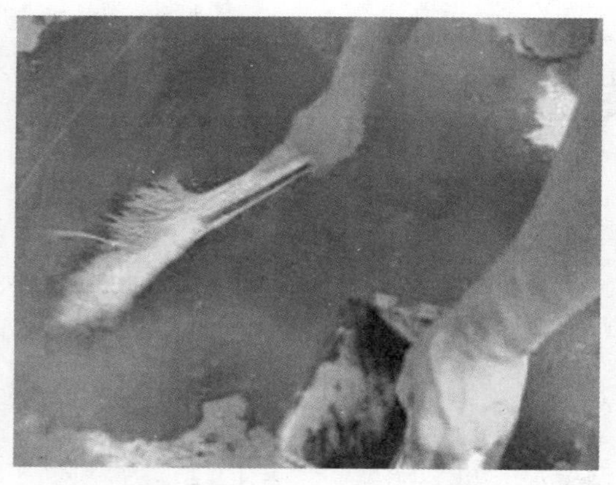

5. 要在地面刷一遍水泥和水比例为 0.4 ~ 0.5 的素水泥水，然后铺上 1 : 3 的砂浆。

6. 砂浆要干湿适度，标准是“手握成团，落地开花”，砂浆摊开铺平。

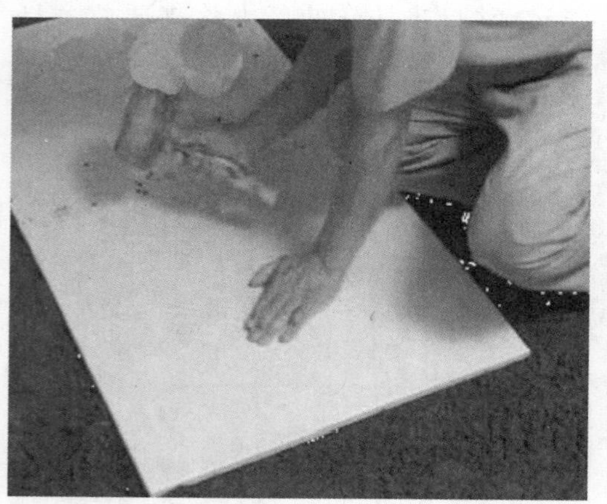

7. 把地砖铺在砂浆上，用橡皮锤敲打结实和第一块基准砖平齐。

8. 敲打结实后，拿起瓷砖，看砂浆是否有欠浆或不平整的地方，撒上砂浆补充填实。

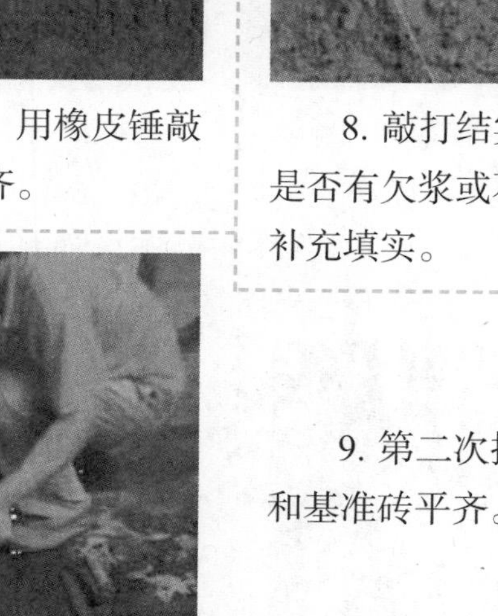

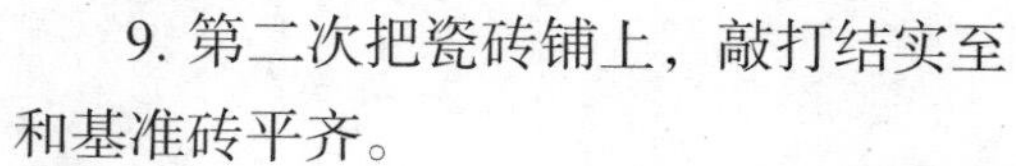

9. 第二次把瓷砖铺上，敲打结实至和基准砖平齐。

10. 第二次拿起瓷砖，检查地面砂浆是否已经饱满，有没有缝隙，如果已经饱满和平整，在瓷砖上均匀地涂抹一层素水泥浆。

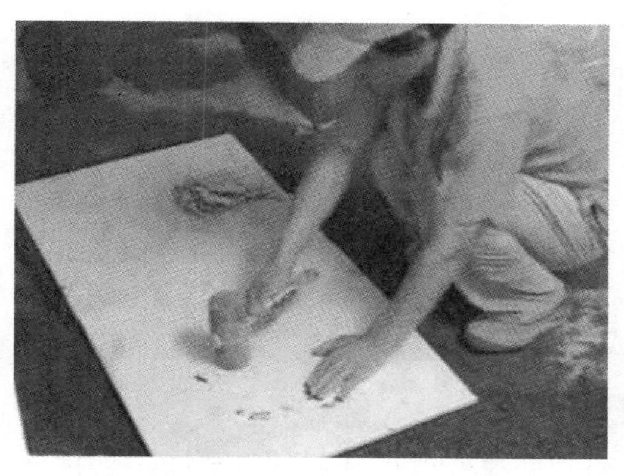

11. 第三次把砖铺上，敲打结实，和基准砖平齐。

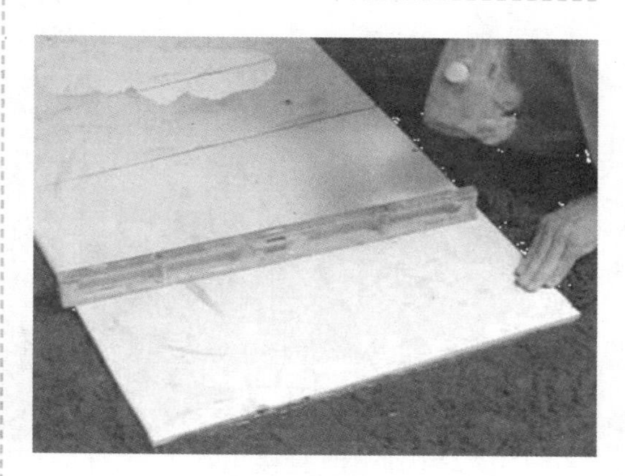

12. 用水平尺检查瓷砖是否水平，用橡皮锤敲打直到完全水平。

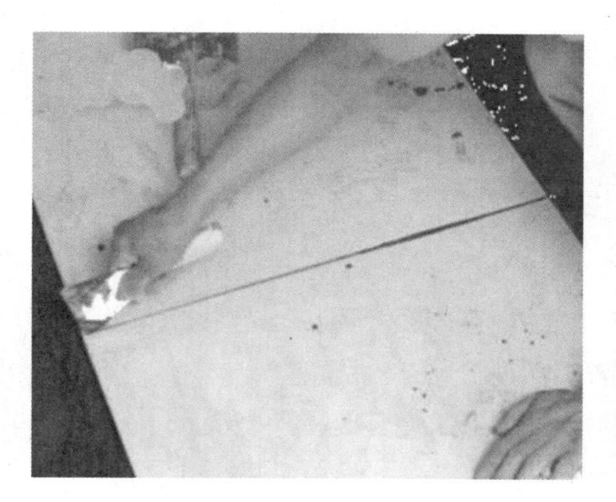

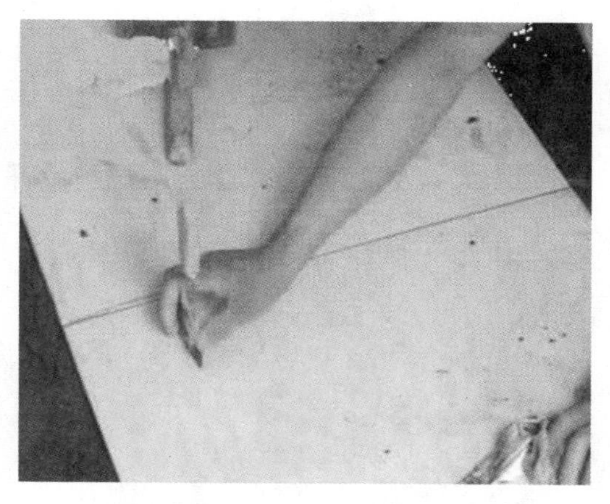

13. 用刮刀从砖缝中间划一道，保证砖与砖之间要有缝隙，防止热胀冷缩对砖造成损坏，用刮刀在两块砖上纵向来回划拉，检查两块砖是否平齐。

第六章　抹灰工程通病

第一节　抹灰工程质量通病及防治

现象 1　墙面基层抹灰处出现空鼓和裂缝

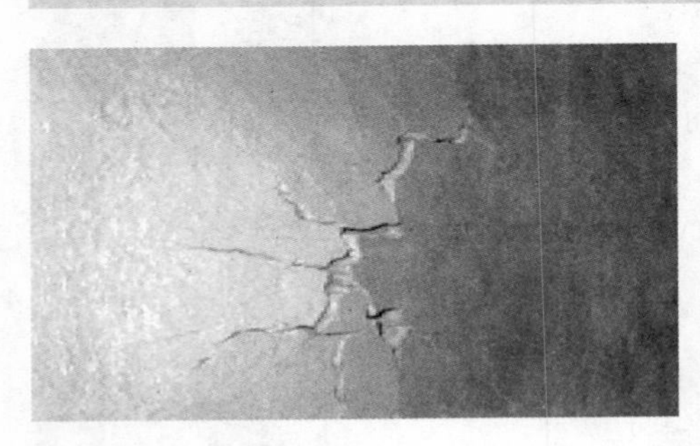

原因分析：

1）墙与门窗框交接处塞缝不严。

2）踢脚板与上面石灰砂浆抹灰处出现裂缝。

3）基层处理不当，造成抹灰层与基层黏结不牢。

防治方法：

1）墙与门窗框交接可用水泥石灰加麻刀的砂浆塞严再抹灰的方法防治连接处裂缝问题。

2）在踢脚板上口宜先做踢脚板，后抹墙面方法，特别注意不能把水泥砂浆抹在石灰砂浆上面。

3）抹灰前，基层表面的尘土、污垢、油等应清除干净，并应洒水湿润。一般应浇两遍水。

现象 2　抹灰面层起泡、有抹纹、开花

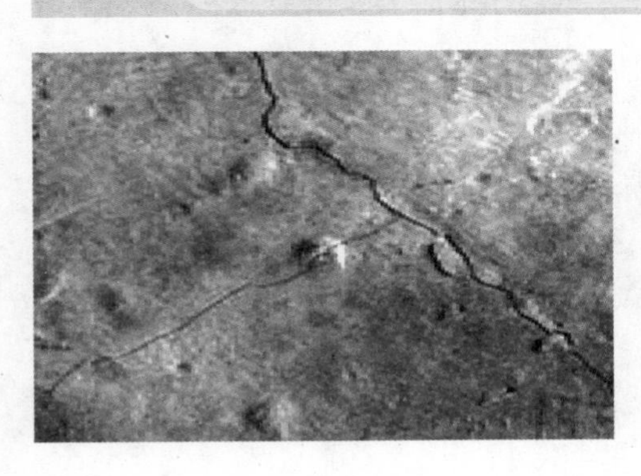

原因分析：

1）抹完罩面灰后，压光跟得太紧，灰浆没有收水，故产生起泡。

2）底层灰太干燥、没有浇水，压光容易起抹纹。

3）石灰膏陈伏期太短，过火灰颗粒没熟化，抹后体积膨胀，出现爆裂、开花现象。

防治方法：

1）用水泥砂浆和水泥混合砂浆抹灰时，应待前一抹灰层凝结后方可抹后一层；用石灰砂浆抹灰时，应待前一抹灰层七八成干后方可抹后一层。

2）底层灰抹完后，要在干燥后洒水湿润再抹面层。

3）罩面石灰膏熟化期应不小于 30d，使过火颗粒充分熟化。

现象 3　地面起砂、起粉

原因分析：

1）水泥砂浆拌和物的水灰比过大。

2）不了解或错过了水泥的初凝时间，致使压光时间过早或过迟。

3）养护措施不当，养护开始时间过早或养护天数不够。

4）地面尚未达到规定的强度，过早上人。

5）原材料不合要求，水泥品种或强度等级不够或受潮失效等还有砂子粒径过细，含泥量超标。

6）冬期施工，没有采取防冻措施，使水泥砂浆早期受冻。

防治方法：

1）严格控制水灰比。

2）掌握水泥的初、终凝时间，把握压光时机。

3）遵守洒水养护的措施和养护时间。

4）建立制度、安排好施工流向，避免地面过早上人。

5）冬期采取技术措施，一是要使砂浆在正温下达到临界强度。

6）严格进场材料检查，并对水泥的凝结时间和安定性进行复验。强调砂子应为中砂，含泥量不大于 3%。

现象 4　地面空鼓、裂缝

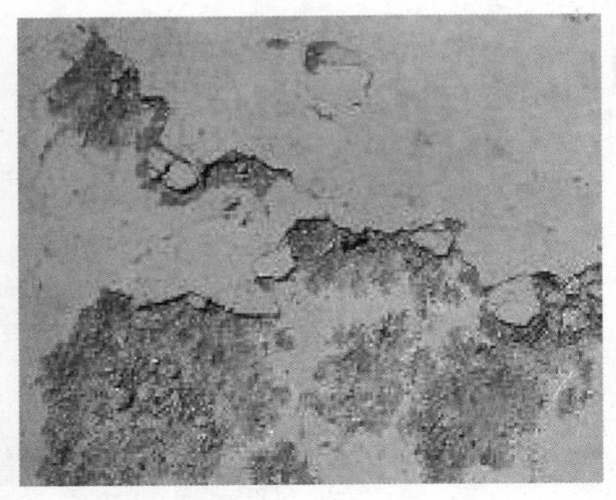

原因分析：

1）基层清理不干净，仍有浮灰、浆膜或其他污物。

2）基层浇水不足、过于干燥。

3）结合层涂刷过早，早已风干硬结。

4）基层不平，造成局部砂浆厚薄不均，收缩不一。

防治方法：

1）基层处理经过严格检查方可开始下一道工序。

2）结合层水泥浆强调随涂随铺砂浆。

3）保证垫层平整度和铺抹砂浆的厚度均匀。

现象 5　踏步阳角处裂缝、脱落

原因分析：

1）踏步抹面时，基层较干燥，使砂浆失水过快，影响了砂浆的强度增长，造成日后的质量隐患。

2）基层处理不干净，表面污垢、油渍等杂物起到隔离作用，降低了黏结力。

3）抹面砂浆过稀，抹在踢面上砂浆产生自坠现象，特别是当砂浆过厚时，削弱了与基层的黏结效果，成为裂缝、空鼓和脱落的潜在隐患。

4）抹面操作顺序不当，先抹踏面，后抹踢面。则平、立面的结合不易紧密牢固，往往存在一条垂直的施工缝隙，经频繁走动，就容易造成阳角裂缝、脱落等质量缺陷。

5）踏步抹面养护不够，也易造成裂缝、掉角、脱落等。

防治方法：

1）抹面层前，应将基层处理干净，并应提前一天洒水湿润。

2）洒水抹面前应先刷一道素水泥浆，水灰比为 0.4 ～ 0.5，并应随刷随抹。

3）控制砂浆稠度在 35mm 左右。

4）过厚砂浆应分层涂抹，控制每一遍厚度在 10mm 之内，并且应待前一抹灰层凝结后方可抹后一层。

5）严格按操作规范先抹踢面，后抹踏面，并将接槎揉压紧密。

6）加强抹面养护，不得少于养护时间，并在养护期间严禁上人。凝结前应防止快干、水冲、撞击、振动和受冻，凝结后防止成品损坏。

现象 6　瓷砖空鼓

原因分析：

1）基层清理不干净，浇水不透。

2）基体表面偏差过大，每层抹灰跟得紧，各层之间黏结强度过低。

3）砂浆配合比不准确，稠度掌握不好，产生不同的干缩率。

防治方法：

1）严格按工艺规范要求操作。

2）用水泥砂浆和水泥混合砂浆抹灰时，应待前一抹灰层凝结后再抹后一层，底层的抹灰层强度不得低于面层的抹灰层强度。

3）抹灰应分层进行，每遍厚度宜为 5 ～ 7mm，当抹灰总厚度超出 35mm 时，应采取加强措施。

现象7 瓷砖粘贴墙面不平

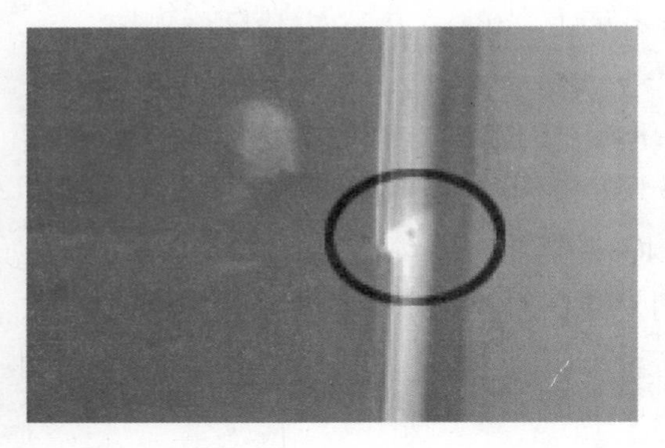

原因分析：

1）结构墙体墙面偏差大。

2）基层处理检查不认真。

防治方法：

掌握好吊垂直、套方找规矩的要求，加强对底层灰的检查。

现象8 瓷砖拼缝不直、不匀和墙面污染

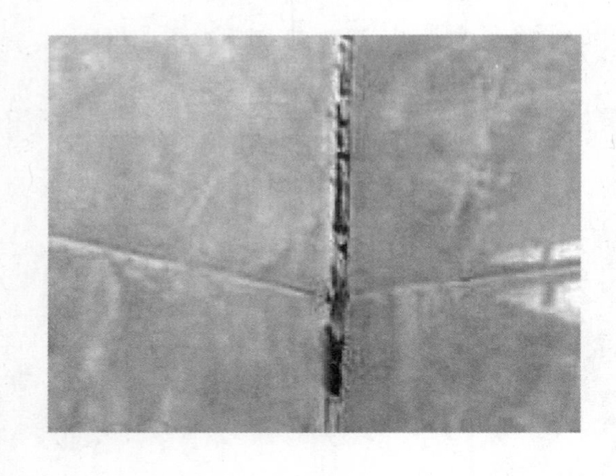

原因分析：

1）没有分格弹线，排砖不仔细。

2）原材料偏差过大，操作不仔细。

防治方法：

1）按施工图要求，针对结构基体具体情况，认真进行分格弹线。

2）把好进料关，不合格材料不能上墙。

3）擦完缝及时清扫，对某些污染，采用20%盐酸水溶液刷净，后再用清水冲干净。

现象 9　外墙面砖空鼓或脱落

原因分析：

1）外墙饰面自重大，底子灰与基层产生较大的剪应力。

2）砂浆配合比不准、水泥安定性不好和砂子含泥量大。

3）大气温度热胀冷缩的影响，在饰面的应力的作用。

防治方法：

1）外墙基体力争做到平整垂直，防止偏差带来的不利情形。

2）面砖使用前应提前浸泡，提高砂浆与面层的黏结力。

3）砂浆初凝后，不再挪动面砖，并应实行二次勾缝，勾缝勾进墙内 3mm 为宜。

现象 10　面砖分格缝不匀或墙面不平整

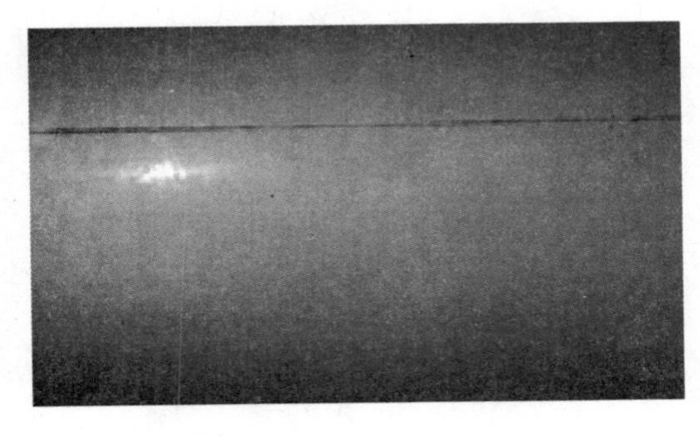

原因分析：

1）没有按大样图进行排砖分格。

2）面砖质量不好，规格偏差较大。

3）操作方法不当，操作技术不熟练。

防治方法：

1）核对结构偏差尺寸，确定面砖粘贴厚度和排砖模数，并弹出排砖控制线。

2）考虑碹脸、窗台、阳角的要求，确定缝子再做分格条或划出皮数杆。

3）要求阴阳角要双面挂直，弹垂直线，作为粘贴面砖时的控制标志。

4）面砖粘贴前，应进行选砖，粘贴面砖时，应保持面砖上口平直。

现象 11 饰面板安装接缝不平、板面纹理不通、色泽不匀

原因分析：

1）基层没处理好，平整度没达标准。

2）板材质量没把关，试排不认真。

3）操作没按规范去做。

防治方法：

1）应先检查基层的垂直平整情况，对偏差较大的要进行剔凿或修补，使基层到饰面板的距离不少于 5cm。

2）施工要有施工大样图，弹线找规矩，并要弹出中心线、水平线。

3）对饰面板进行套方检查，规格尺寸如有偏差应进行修整。

4）对饰面板安装前应进行试排。使板与板之间上下纹理通顺、颜色协调，缝平直均匀。

5）安装时，应根据中心线、水平通线和墙面线试拼、编号，并应在最下一行用垫木材料找平垫实，拉上横线，再从中间或一端开始安装。

现象 12 饰面板开裂

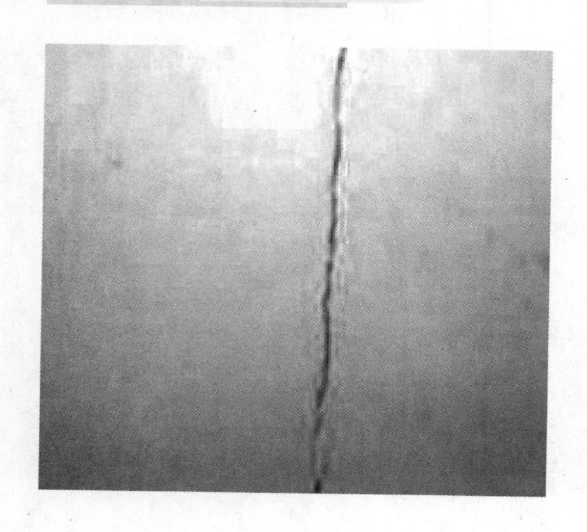

原因分析：

1）受到结构沉降压缩变形外力后，由于应力集中，板材薄弱处导致开裂。

2）安装粗糙，灌浆不严，预埋件锈蚀，产生膨胀，造成推力使板面开裂。

3）安装缝隙过小，热胀冷缩产生的拉力，使板面产生裂缝。

防治方法：

1）安装饰面板时，应待结构主体沉稳后进行，顶部和底部留有一定的空隙，以防结构沉降压缩。

2）安装饰面板接缝应符合设计要求，嵌缝严密防止侵蚀气体进入，锈蚀预埋件。

3）采用环氧树脂钢螺栓锚固法，修补饰面，防止隐患进一步扩大。

现象 13　饰面板墙面碰损、污染

原因分析：

1）板材搬运、保管不妥当。

2）操作中不及时清洗，造成污染。

3）成品保护措施不妥当。

防治方法：

1）尺寸较大的板材不宜平运，防止因自重产生弯矩而破裂现象。

2）大理石板有一定的染色能力，所以，浅色板材不宜用草绳、草帘捆扎，不宜用带色的纸张来做保护品，以免污染。

3）板材安装完成后，做好成品保护工作。易碰撞部位要用木板保护，塑料布覆盖。

现象 14　块材地面铺贴空鼓

原因分析：

1）基层清理不干净。

2）结合层水泥浆不均匀。

3）找平层所用干硬性水泥砂浆太稀或铺的太厚。

4）板材背后浮灰没有擦净，事先没有湿润。

防治方法：

1）基层面必须清理干净。

2）撒水泥面应均匀，并洒水调和。或用水泥浆涂刷均匀。

3）干硬性水泥砂浆应控制用水量，摊铺厚度不宜超过 30mm。

4）板材在铺贴前都应清理背面，并应浸泡，阴干后使用。

现象 15　块材地面板材接缝不平、不匀

原因分析：

1）板材本身厚薄不匀。

2）相通房间的地面标高不一致，在门口处或楼道相接处出现接缝不平。

3）地面铺设后，在养护期上人过早。

防治方法：

1）板材粘贴前应挑选。

2）相通房间地面标高应测定准确。在相接处先铺好标准板。

3）地面在养护期间不准上人或堆物。

4）第一行板块必须对准基准线，以后各行应拉准线铺设。

现象 16　花饰安装位置不正确

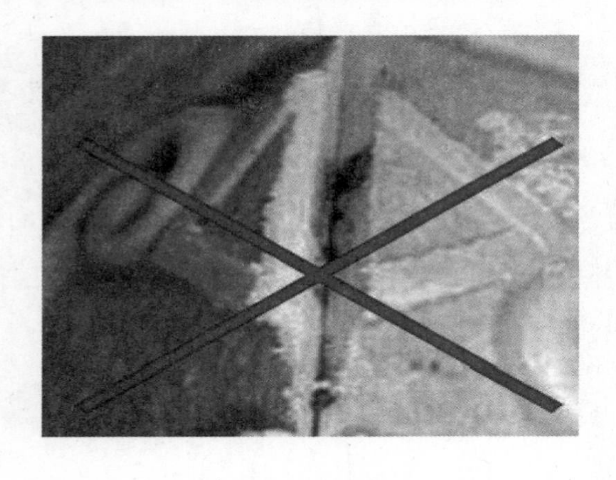

原因分析：

1）基层预埋件或预留孔洞位置不正确。

2）安装前未按设计图样在基层上弹出花饰位置的中心线。

3）复杂分块花饰未预先试拼、编号，安装时花饰图案吻合不精确。

防治方法：

1）基层预埋件或预留孔洞位置应正确，安装前，应认真按设计位置在基层上弹出花饰位置的中心线。

2）复杂分块花饰的安装，必须预先试拼，分块编号，安装时花饰图案应精确吻合。

现象17　墙面接槎有明显的抹纹，色泽不均匀

原因分析：

1）墙面没有分格或分格过大，抹灰留槎的位置不当。

2）没有统一配料，砂浆的原材料不一。

3）基层或底层的浇水不均匀，罩面压光操作不当。

防治方法：

1）抹灰时，应把接槎的位置留在分格处或阴阳角、落水管处，并注意接槎部位的操作，避免发生高低不一、色泽不匀等现象。

2）室外抹灰稍有抹纹，在阳光下看就很明显，影响墙面的外观效果。因此，室外抹水泥砂浆墙面应做成毛面；用木抹子搓毛面时，要做到轻重一致，先以圆圈形搓抹，然后上下抽拉，方向要一致，以免表面出现色泽深浅不一、起毛纹等问题。

第二节　瓷砖装修不留遗憾

一、选对风格

瓷砖铺贴时要选对风格，才能表达出自己的个性。不同的家居主人，有着不

同的个性与审美：喜好古典情怀的人，钟情于新中式风格；憧憬生活的人，热衷于简欧风格；倡导极简主义的人，痴恋现代简约风格……想表达怎样的个性与审美，就选择对应的风格，切不可简单重复。

视觉效果太过杂乱，缺乏个性元素与内涵。

简约线条彰显强烈个性。

二、巧用颜色

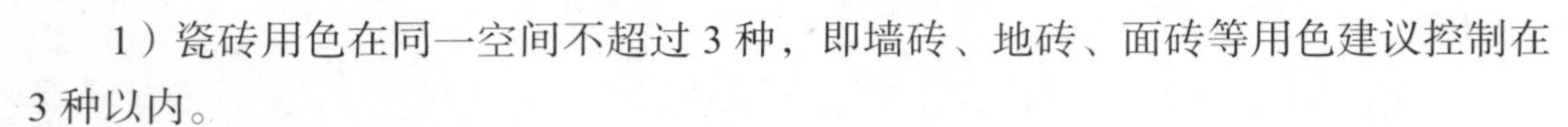

1）瓷砖用色在同一空间不超过 3 种，即墙砖、地砖、面砖等用色建议控制在 3 种以内。

同一空间色彩太多，过于杂乱且不协调。

黑白搭配经典大气，简洁明快。

2）巧妙的瓷砖用色能轻松搭配出空间感。客厅讲究开阔明亮和气派格局，亮色不能少；浴室讲究空间延伸和舒缓身心，宜用浅色系冷色调。

整体用米黄色搭配，视觉变窄，老气沉闷。

白灰色让客厅显得明亮开阔。

3）保持大局观，瓷砖与家居配件的颜色要搭配。瓷砖与橱柜等家居配件的颜色不用局限于一种颜色，但能形成一定的呼应。

黑黄条纹混乱不搭，地砖橱柜毫无呼应。

白灰地砖呼应，墙砖与橱柜呼应。

三、升华美感

1）使用拼花时，要避开家具遮挡，以免影响展示效果。

拼花中心区域，被桌椅完全遮挡。

巧妙设计让拼花不被遮挡。

2）结合空间实际情况来应用水刀拼花，或者巧用瓷砖的纹理，也能产生美感。

满铺＋水刀拼花围边。

运用瓷砖天然纹理做出美观造型。

四、把控细节

1）瓷砖交接的拼缝要对齐，否则会极大影响瓷砖铺贴后的整体视觉效果。

瓷砖拼缝对齐不规整。

统一的瓷砖尺寸、方正线条让厨房更为敞亮。

2）使用专业的美缝剂填充缝隙：普通的填充剂容易发霉，而且颜色上局限于黑和白，不能匹配瓷砖颜色，视觉上很难看。专业的美缝剂是瓷质的，不易发霉；还能够匹配每一款瓷砖的颜色，美观。

普通填充剂颜色单调不美观，易发霉。

专业美缝剂美观多样，瓷质不易发霉。

3）避免腰线被遮挡，腰线是装饰元素的一部分，如果被遮挡会影响整体的装修效果。

腰线被窗户遮挡隔断。

整条腰线在空间内延伸。

参考文献

[1] 中华人民共和国建设部 . 建筑装饰装修工程质量验收规范：GB 50210—2001 [S]. 北京：中国建筑工业出版社，2001.

[2] 中华人民共和国住房和城乡建设部 . 机械喷涂抹灰施工规程：JGJ/T 105—2011 [S]. 北京：中国建筑工业出版社，2012.

[3] 中华人民共和国住房和城乡建设部 . 外墙饰面砖工程施工及验收规范：JGJ 126—2015 [S]. 北京：中国建筑工业出版社，2015.

[4] 中华人民共和国住房和城乡建设部 . 抹灰砂浆技术规程：JGJ/T 220—2010 [S]. 北京：中国建筑工业出版社，2011.

[5] 中华人民共和国住房和城乡建设部 . 建筑装饰装修职业技能标准：JGJ/T 315—2016 [S]. 北京：中国建筑工业出版社，2016.

[6] 薛俊高 . 装修施工一本通——抹灰工 [M]. 北京：化学工业出版社，2014.

[7] 唐晓东 . 建筑工人便携手册——抹灰工 [M]. 北京：中国电力出版社，2012.

[8] 张庆丰，等 . 抹灰工 [M]. 北京：中国建筑工业出版社，2015.

新书推荐

图说建筑工种轻松速成系列丛书

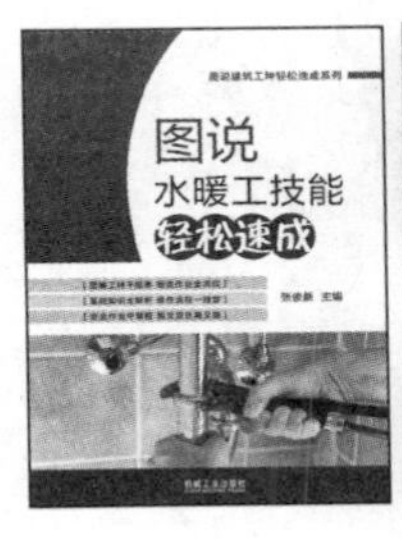

本套丛书从零起点的角度，采用图解的方式讲解了应掌握的操作技能。本书内容简明实用，图文并茂，直观明了，便于读者自学实用。

扫一扫直接购买

图说水暖工技能轻松速成　书号：978-7-111-53396-2　定价：35.00
图说钢筋工技能轻松速成　书号：978-7-111-53405-1　定价：35.00
图说焊工技能轻松速成　书号：978-7-111-53459-4　定价：35.00
图说测量放线工技能轻松速成　书号：978-7-111-53543-0　定价：35.00
图说建筑电工技能轻松速成　书号：978-7-111-53765-6　定价：35.00

图解现场施工实施系列丛书

本套书是由全国著名的建筑专业施工网站—土木在线组织编写，精选大量的施工现场实例。书中内容具体、全面、图片清晰、图面布局合理、具有很强的实用性和参考性。

扫一扫直接购买

书名：图解建筑工程现场施工　书号：978-7-111-47534-7　定价：29.80
书名：图解钢结构工程现场施工　书号：978-7-111-45705-3　定价：29.80
书名：图解水、暖、电工程现场施工　书号：978-7-111-45712-1　定价：26.80
书名：图解园林工程现场施工　书号：978-7-111-45706-0　定价：23.80
书名：图解安全文明现场施工　书号：978-7-111-47628-3　定价：23.80

亲爱的读者：
感谢您对机械工业出版社建筑分社的厚爱和支持！
联系方式：北京市百万庄大街22号机械工业出版社　建筑分社　收　邮编100037
电话：010—68327259　　E-mail：cmpjz2008@126.com

新书推荐

从新手到高手系列丛书（第2版）

本套书根据建筑职业操作技能要求，并结合建筑工程实际等作了具体、详细的介绍。

本书简明扼要、通俗易懂，可作为建筑工程现场施工人员的技术指导书，也可作为施工人员的培训教材。

扫一扫直接购买

书名：建筑电工从新手到高手　书号：978-7-111-44997-3　定价：28.00
书名：防水工从新手到高手　书号：978-7-111-45918-7　定价：28.00
书名：木工从新手到高手　书号：978-7-111-45919-4　定价：28.00
书名：架子工从新手到高手　书号：978-7-111-45922-4　定价：28.00
书名：混凝土工从新手到高手　书号：978-7-111-46292-7　定价：28.00
书名：抹灰工从新手到高手　书号：978-7-111-45765-7　定价：28.00
书名：模板工从新手到高手　书号：978-7-111-45920-0　定价：28.00
书名：砌筑工从新手到高手　书号：978-7-111-45921-7　定价：28.00
书名：钢筋工从新手到高手　书号：978-7-111-45923-1　定价：28.00
书名：水暖工从新手到高手　书号：978-7-111-46034-3　定价：28.00
书名：测量放线工从新手到高手　书号：978-7-111-46249-1　定价：28.00

《施工员上岗必修课》

杨燕 等编著

全书内容丰富，编者根据多年在现场实际工作中的领悟，汇集成施工现场技术及管理方面重点应了解和掌握的基本内容，对现场施工管理人员掌握现场技术及管理方面的知识是一个很好的教程。读者可以根据自己的实际情况选择相关内容学习，也可以用作现场操作的指导书。本书适合现场的施工管理人员、监理人员、业主及在校大学生阅读。

扫一扫直接购买

书号：978-7-111-53713-7　定价：69.00元